#지구야#미안해

제로웨이스트

플라스틱 없이 1년 살기

52주 미션

소피 프리 + 안나 루빈스키 글,그림 이나래 옮김

북스힐

제로웨이스트
플라스틱 없이 1년 살기

초판 1쇄 인쇄 | 2022년 1월 2일
초판 1쇄 발행 | 2022년 1월 5일

글쓴이 | 소피 프리
그린이 | 안나 루빈스키
옮긴이 | 이나래
펴낸이 | 조승식
펴낸곳 | 도서출판 북스힐
등록 | 1998년 7월 28일 제22-457호
주소 | 서울시 강북구 한천로 153길 17
전화 | 02-994-0071
팩스 | 02-994-0073
홈페이지 | www.bookshill.com
이메일 | bookshill@bookshill.com

ISBN 979-11-5971-397-2
정가 15,000원

• 잘못된 책은 구입하신 서점에서 교환해 드립니다.

추천사

인류 문명에서 플라스틱의 발명은 혁명과도 같은 일이었습니다. 가볍고 저렴한데다 가공하기도 쉬워 어디에서나 흔히 플라스틱을 찾아볼 수 있습니다. 산업화가 가속화되고 지구의 인구가 급증하면서 플라스틱의 생산도 기하급수적으로 늘어나, 이제 우리 삶은 플라스틱과 그 폐기물로 포위되고 말았습니다.

우리가 사용하고 버린 플라스틱은 썩지 않고 아주 작은 알갱이로 분해되어 토양과 물을 오염시킵니다. 이 과정에서 생태계 원리에 따라 모든 생명자원에 플라스틱 잔해들이 쌓이고, 이는 결국 부메랑이 되어 우리에게 다시 돌아옵니다. 플라스틱에 대한 고민이 깊어지고 대책이 필요한 이유입니다.

『플라스틱 없이 1년 살기』는 매주 하나씩 실천할 수 있는 52가지 미션을 소개합니다. 이 책에는 그동안 막연하게 생각했던 플라스틱 없는 생활을 실천할 수 있는 구체적이고 흥미로운 방법이 가득합니다.

제로웨이스트는 더 이상 선택이 아닙니다. 이미 생산된 플라스틱은 가능한 한 재사용하고 환경을 해치지 않는 또 다른 소재를 통해 우리 모두의 건강을 위하고 지구를 지켜야 합니다. 이는 우리가 반드시 해야만 하는 일이며, 우리는 할 수 있습니다. 이 책이 '건강한 편리함'의 밑거름이 되기를 기대합니다.

서울교육대학교 총장, 임채성

차례

MISSION

욕실과 옷장에서

일상생활에서

들어가면서

플라스틱? 환경엔 끔찍!

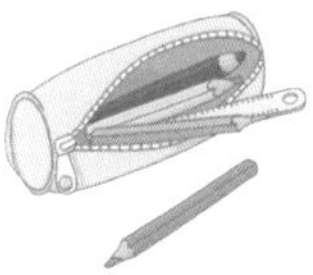

왜 플라스틱인가요?

플라스틱이 우리 생활에 쏟아져 들어오기 시작한 건 1950년대예요. 당시엔 혁명이라고 불릴 정도였지요. 유리나 금속에 비해 가볍고, 비싸지 않고, 만들고 가공하기도 쉬웠거든요. 실제로 플라스틱은 무한한 가능성을 가지고 있어요. 투명하고, 밀봉 가능하고, 색도 입힐 수 있고, 말랑말랑하면서 동시에 딱딱하고, 불에 잘 견디고, 시간이 지나도 마모가 적고, 거의 망가지지 않아서 플라스틱 없는 생활은 상상할 수 없을 정도예요! 오늘날에는 주변 어디에서나 플라스틱을 찾아볼 수 있어요. 가구와 가전제품은 물론 건강제품, 장난감, 스포츠용품, 문과 창문, 장식품, 부엌, 그리고 포장재까지 어디에나 존재하니까요.

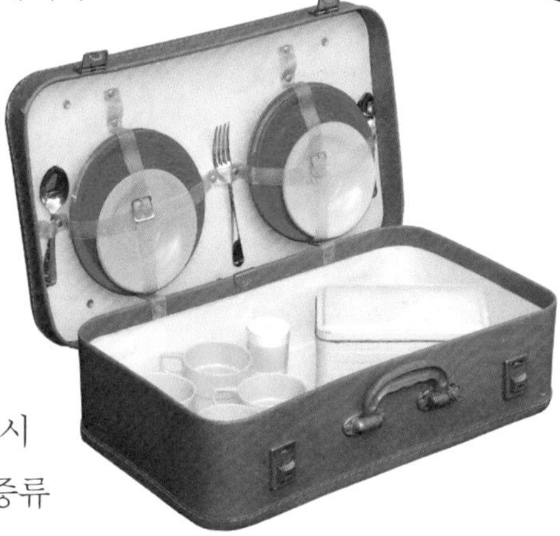

플라스틱은 무엇으로 만드나요?

플라스틱은 주로 석유 정제 공장이라는 특수한 시설에서 석유를 이용해 만들어요. 석유는 커다란 증류관에서 고온으로 가열하거나 급속으로 냉각시키는 등 여러 단계의 가공 공정을 거치면 '단량체'라는 분자가 돼요. 이렇게 해서 만들어진 단량체가 첨가물과 함께 결합되는 방식에 따라 다양한 유형의 플라스틱을 얻을 수 있어요.

가장 잘 알려진 플라스틱, 우리가 일상에서 사용하는 플라스틱은 번호로 분류되어 있고, 보통은 용기에 그 번호가 새겨져 있어요.

음식 포장에 많이 쓰이지만, 사용을 막아야 하는 플라스틱

6 PS

- PS(폴리스티렌): 이 플라스틱은 재활용이 안 돼요. 정육 포장 용기, 일회용 컵에 주로 쓰이고 집 단열재로도 쓰여요. 바다에서 작은 조각으로 분해되면 해양 생물들이 삼켜버리죠.

가열하면 안 되고, 기름과 접촉을 피해야 하는 플라스틱

1 PET

- PET(폴리에틸렌테레프탈레이트): 가장 많이 사용되는 플라스틱이에요. 물병, 샐러드 포장재 등에 쓰이죠……. 가열하면 플라스틱 분자가 음식으로 이동할 수 있어요.

3 PVC

- PVC(폴리염화비닐): 치즈, 고기를 포장할 때 쓰이고 파이프, 바닥재, 창문 등 건물에도 사용되며 풀장용 튜브에도 들어가요.

7 O

- 기타 플라스틱(폴리카보네이트, 폴리우레탄 등): 통, 금속, 터치 스크린, 캔 내장재에 사용돼요. 여기에 해당하는 화합물은 아직 정체가 제대로 밝혀지지 않았어요.

환경 건강 네트워크(Environment Health Network)에서 비교적 안전하다고 인증한 플라스틱

2 PE-HD

- HD-PE(고밀도 폴리에틸렌): 딱딱하고 투명한 플라스틱으로, 장난감이나 가정용품, 우유병 뚜껑 등으로 사용돼요. 플라스틱 분자가 음식으로 들어갈 위험성이 거의 없죠.

4 PE-LD

- LD-PE(저밀도 폴리에틸렌): 비닐봉지와 요리용 플라스틱 필름에 쓰여요.

5 PP

- PP(폴리프로필렌): 음식 보관용 플라스틱 통, 화분, 범퍼 등에 쓰여요. 분해되는 데 시간이 오래 걸리고 미세분자가 음식으로 이동할 수도 있어요.

플라스틱이 뭐가 문제인데요?

너무 많아요! 전 세계에서 1초에 10톤의 플라스틱이 생산되고 1톤의 플라스틱이 바다에서 삶을 마감하고 있어요. 엘런 맥아더(Ellen MacArthur) 재단은 이 속도대로라면 2050년에는 바다에 물고기보다 플라스틱이 더 많을 거라고 예측했어요! 게다가 해류가 태평양에 떠다니던 플라스틱 쓰레기의 일부분을 한곳으로 모으고 있어요. 이 떠다니는 쓰레기장은 너무 커서 '일곱 번째 대륙'이라고 부를 정도예요. 크기가 프랑스 면적의 다섯 배나 된다고 해요!

자연에서 자연으로

플라스틱은 주로 석유를 이용해 만들어요. 그리고 석유는 지구에서 추출하죠. 그런데 석유는 재생산되지 않는 원료이기 때문에 고갈되고 있어요. 사람들이 지구가 생산할 수 있는 양보다 더 많은 양의 석유를 사용하기 때문이에요.

플라스틱은 80년도 안 된 신소재예요. 그 누구도 플라스틱이 자연으로 돌아가려면 얼마만큼의 시간이 걸리는지 몰라요. 아마 수백 년 걸릴 거라고 예상할 뿐이죠. 확실한 건, 자연이 플라스틱을 소화하지 못한다는 거예요!

우리의 건강에는?

시간이 지나면서 사람들은 플라스틱이 건강에 나쁜 영향을 미칠 수도 있다는 걸 깨달았어요. 일부는 내분비계 교란 물질로 알려졌죠. 내분비계 교란 물질은 호르몬을 변화시켜 잠, 성장, 생식에 영향을 미쳐요.

혹시 POP(잔류성 유기 오염물질)에 대해 알고 있나요? 단열재를 포함하고 있는 플라스틱 유형을 말하는데, 일부 게임기, 전자기기, 자동차 시트 등 불에 탈 위험이 있는 플라스틱에 추가되죠. 너무 위험해서 태워도 안 되고 매장해도 안 돼요. 그저 특별히 주의를 기울이는 수밖에는 방법이 없어요. 그런데 이처럼 건강과 환경에 위험한 POP도 아무렇게나 내다버려지곤 하죠.

플라스틱은 버려진 뒤 어떻게 될까?

소각장에서 태우면 재나 여과액같이 환경에 굉장히 위험한 잔류물질이 나와요.

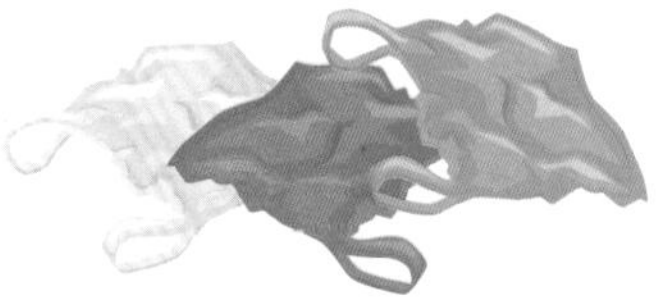

쓰레기 매립장에 매립되기도 해요. 시간이 지나면 쓰레기는 온실가스를 내뿜는데, 특히 플라스틱 쓰레기는 미세분자로 분해되어 물과 토양을 오염시킬 수 있어 위험해요.

일부 플라스틱 쓰레기는 밖에 방치돼요. 생산 과정에서 분실되는 경우도 있죠. 이런 식으로 버려진 플라스틱은 빗물에 쓸려가고 초미세 분자로 쪼개져 하수처리장에 설치된 필터를 빠져나가요.

이런 과정을 거쳐 플라스틱 조각들이 마지막으로 도착하는 곳은 바다예요. 그 결과 전 세계 모든 해변과 새, 물고기, 거북과 같은 동물의 배 속에서 어마어마한 양의 플라스틱 쓰레기가 발견되곤 하지요.

플라스틱 중에서도 재활용 가능한 종류는 재활용할 수 있어요. 예를 들어 물병은 합성섬유로 바뀌어 스웨터를 만들 수 있지요.

분리, 세척된 플라스틱 병은 플라스틱 펠릿이 되는데, 이 플라스틱 펠릿으로 새로운 플라스틱 병을 만들 수 있어요. 이때는 재활용 플라스틱 25~50%와 새로운 플라스틱을 사용해요. 재활용 플라스틱을 또 재활용할 수는 없어요.

테스트
나의 플라스틱 점수는?

아래 설문을 통해 일상생활에서 플라스틱 소비 습관을 확인해봐요! 스스로 질문하면서 각 항목의 점수를 적고 마지막에 전체를 합산한 점수를 구해보세요. 어때요, 플라스틱을 너무 많이 소비하고 있지 않나요?

초등학교/중학교에서

- 매년, 학용품을 새로 사요 .... ▢ (2 점)
- 플라스틱 커버 공책을 좋아해요 .... ▢ (1 점)
- 항상 포장된 간식을 먹어요 .... ▢ (2 점)

점수 .... ▢

부엌에서

- 플라스틱 페트병에 들어 있는 물이나 주스를 마셔요 .... ▢ (2 점)
- 음식(햄, 치즈 등)이 항상 포장되어 있어요 .... ▢ (1 점)
- 과일과 채소를 살 때 비닐봉지에 담아와요 .... ▢ (1 점)
- 플라스틱 조리도구를 사용해요 .... ▢ (1 점)

점수 .... ▢

욕실과 옷장에서

- 샴푸와 샤워 젤이 플라스틱 용기에 담겨 있어요 ☐ (2 점)
- 욕실에 온갖 종류의 다양한 통이 가득해요 ☐ (1 점)
- 폴리에스테르 소재로 만든 옷을 입어요 ☐ (2 점)

점수 ☐

기념일과 취미

- 대부분의 경우 장난감을 새로 사는 편이고, 소재는 플라스틱이에요 ☐ (2 점)
- 합성 소재로 만든 장식품으로 크리스마스트리를 꾸며요 ☐ (1 점)
- 플라스틱 수영장과 미끄럼틀을 사용해요 ☐ (2 점)

점수 ☐

총점 ☐

결과

0~6점

대단해요! 이미 일상생활에서 플라스틱을 사용하지 않으려 노력하고 있군요. 이 책에서 소개하는 미션들을 성공적으로 완수하면서 플라스틱 제로 운동에 한 발짝 더 나아갈 수 있을 거예요. 시작해봐요!

7~13점

플라스틱을 줄이기 위해 이미 첫발을 떼었군요. 훌륭해요! 하지만 아직 할 수 있는 일이 많아요. 점수가 가장 높았던 주제에서 다양한 활동을 더 해보면 어떨까요? 준비됐나요?

14~20점

점수가 높다고요? 당황하지 마세요! 점수가 높더라도 이제부터 책을 따라 다양한 미션을 수행하면 지구를 위해 유의미한 행동을 하는 거예요. 그리고 누가 알겠어요, 주변 사람들에게 영감을 줄지도!

52 missions

플라스틱 없이 살려면 이 책을 어떻게 이용해야 할까?

이 책에는 일주일에 한 개씩, 52개의 미션 이 들어 있어요. 이 미션들이 일상생활에서 플라스틱 없이 살 수 있도록 도와줄 거예요.

수많은 도전이 포함되어 있고 다양한 영역 을 망라해요.

- 초등학교/중학교
- 집(부엌, 욕실)
- 취미활동

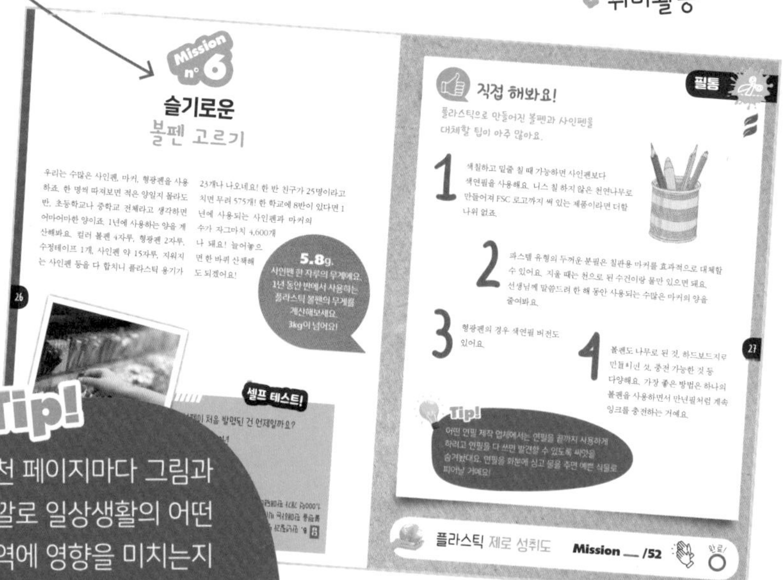

Tip!

실천 페이지마다 그림과 색깔로 일상생활의 어떤 영역에 영향을 미치는지 표시해놨어요.

- 학교에서
- 공원에서
- 욕실 및 옷장에서
- 주방에서
- 일상생활에서

특별한 날, 마음에 드는 순서대로 미션을 따라 해봐요. 일주일에 하나씩 이곳저곳에서 생활방식에 가장 잘 어울리는 아이디어를 골라서 실천해요.

부모님, 선생님, 친구들이 플라스틱 제로에 대해 생각해보도록 도움을 주세요. 그리고 플라스틱 제로를 습관화하려면 다음 조언을 따라 해봐요.

- 조금씩, 한 발짝 한 발짝 나아가요. 인간의 뇌는 새로운 행동에 익숙해지는 데 21일이 걸려요. 그러니 시간이 필요하죠!
- 여러 가지 활동을 재미있게 해요. 대부분 친구들과 함께 새로운 것을 배우는 기회가 될 거예요.
- 미션을 수행할 때는 시간에 구애받지 말고 하나씩 천천히, 대신 확실하게 해나가요.

여러분이 직접 미션 수행 순서를 정하세요! 124쪽에 있는 52주 미션 수행 평가에서 수행한 미션을 체크해봐요.

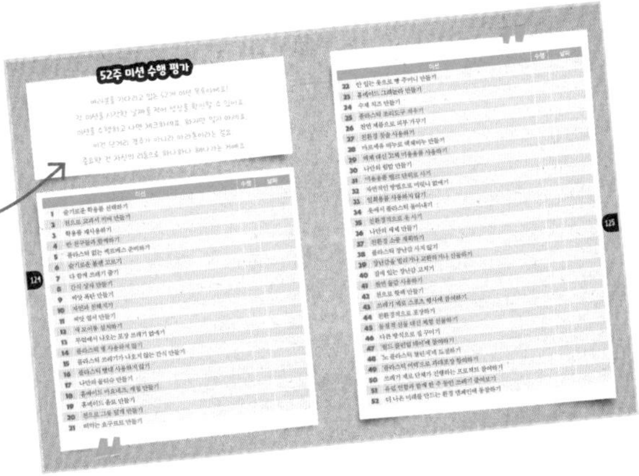

준비됐나요?

이제, 플라스틱 없이 1년 살기 미션을 시작해볼까요?

벌새 이야기를 알고 있나요?

어느 날 숲에 큰불이 났어요. 모든 동물이 겁에 질려 무력하게 재앙을 지켜보기만 했죠. 그때 작은 벌새가 부리에 물을 머금고 불길이 일어나는 곳에 뿌리기 시작했어요. 얼마 후 아르마딜로가 소용없는 짓을 한다며 짜증을 냈지요.

"벌새야! 제정신이니? 물 몇 방울 떨어뜨린다고 불을 끌 수 있을 것 같아?"

그러자 벌새가 대답했어요.

"아니, 하지만 나는 내가 해야 할 일을 할 뿐이야."

피에르 라비

(환경보호단체 '콜리브리' 설립자)

Mission n°1

슬기로운 학용품 선택하기

이제 곧 개학이에요. 필요한 학용품은 모두 확인했겠죠? 학용품 중에서 플라스틱을 빼 볼까요? 가방 안을 한번 보세요. 플라스틱 천지일걸요? 노트 커버, 볼펜, 자……. 가능하면 일회용품보다 계속해서 쓸 수 있는 물건을 선택해요. 그리고 독성물질이 적게 들어 있는 제품을 사용해봐요. 볼펜 끝을 잘근잘근 씹거나 향기 나는 사인펜 향을 들이마실 때, 건강에 좋지 않은 물질이 몸에 들어갈 수도 있어요. 독성 물질은 니스 칠을 한 연필, 풀, 지우개에도 숨어 있을지 몰라요. 유럽 친환경 에코라벨, 파란 천사(Blue Angel), NF환경(NF Environment)과 같은 라벨이 붙어 있는, 환경과 건강을 생각하는 제품을 골라봐요.

100년!
플라스틱 용기가
자연적으로
분해되는 데 걸리는
시간이에요!

셀프 테스트!

책가방에 들어 있는 물건을 모두 꺼낸 다음 스스로 질문해보세요.

공책이랑 볼펜은 어디에서 왔지?

무슨 재료로 만들어졌지?

어떤 방식으로 어디에서 만들어졌지?

분류표와 원산지를 다시 확인해보면 아마도 지구 환경을 더 생각하는 선택을 할 수 있을 거예요.

직접 해봐요!

하드보드지, 나무, 종이 또는 스테인리스처럼 재활용이 가능한 재료를 고른다면 더할 나위 없는 '플라스틱 제로' 생활이 될 거예요.

1 공책과 파일첩

- 양쪽에 커다란 날개가 붙어 있는 하드보드지 노트 커버
- 천 노트 커버(18쪽 미션 2를 빨리 찾아보자!)
- 하드커버 노트
- 하드보드지 파일 및 단어장

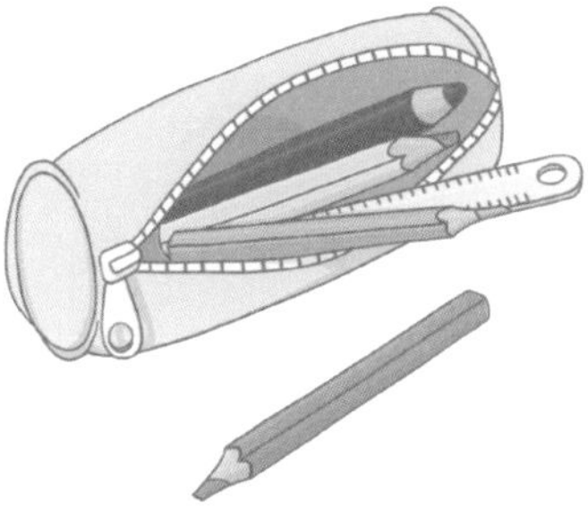

2 필통

- 포장 안 된 지우개, 그중에서도 무향, 라텍스 및 프탈레이트, 폴리염화비닐(PVC)이 첨가되지 않은 것.
- 용매를 넣지 않고 물과 전분으로만 만든 풀. 충전까지 가능하다면 최고죠.
- 연필 및 색연필. 니스 칠 하지 않은 나무로 만들어 FSC 인증을 받은 것. 가능하면 사인펜 대신 사용해요.
- 금속 연필깎이. 필요한 경우, 필통에 작은 스테인리스 상자를 넣고 다니면서 연필밥을 모아 퇴비 통에 버려요.
- 충전 가능한 잉크 펜.

3 수학 도구

학창 시절 내내 사용할 금속 자와 직각 자.

Tip!

플라스틱 제로 생활을 위한 첫발을 떼었네요. 학교에 다니면서 가장 오랫동안 사용할 학용품이나 버린다고 생각할 때 부피가 가장 큰 학용품부터 바꿔봐요.

플라스틱 제로 성취도 Mission ___ /52 완료!

Mission nº 2

천으로 교과서 커버 만들기

이미 알고 있겠지만, 몇 년 전부터 유행인 학용품이 하나 있죠? 바로 플라스틱 풀 커버 공책이에요. 속지를 더 오래 안전하게 보호해주는 플라스틱 풀 커버 공책은 특히 폴리프로필렌으로 된 알록달록한 커버가 눈길을 끌어요! 문제는 매년 새로운 공책을 사야 한다는 거예요. 그렇게 되면 쓰던 공책과 노트 커버는 쓰레기가 되어버려요. 그렇다면 차라리 천 커버를 매년 재사용해 교과서와 공책을 싸면 어떨까요? 게다가 멋진 모양을 고른다면 나만의 특별한 노트 커버를 가질 수도 있어요. 반에서 가장 개성 넘칠걸요! 과목마다 천 색깔을 바꿔도 좋고요!

2.9톤.
한 해에 200명 정원 초등학교에서 만들어지는 학용품 쓰레기양이에요.

셀프 테스트!

쉽게 재활용할 수 있는 재료는?

A. 하드보드지
B. 플라스틱
C. 폴리프로필렌

답 A. 하드커버 또는 종이로 된 공책은 쉽게 재활용할 수 있어요. 그것도 여러 번 가능하죠. 플라스틱은 단 한 번만 재활용할 수 있어요. 게다가 공장에서 플라스틱 처리를 한 제품과 종이로 만들어진 제품을 구별하는 건 불가능해요. 따라서 공책은 소각되거나 매장되죠.

직접 해봐요!

다음과 같이 집에 있는 천을 이용해 여러 가지 방법으로 교과서와 공책을 보호하는 커버를 만들 수 있어요.

재료
- 스테이플러
- 잘 다려진 천 조각
- 하드보드지 두 장(집에 있는 것 재활용하기)

15분

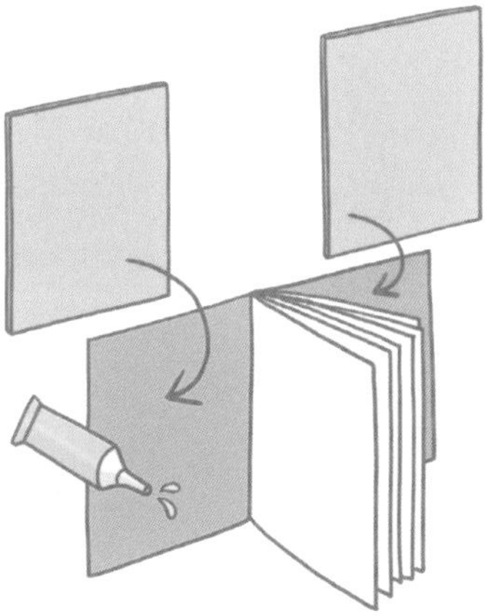

1 하드보드지 두 장을 공책 크기에 알맞게 자른 다음 각각 공책 커버 안쪽에 붙여요. 그러면 공책이 잘 망가지지 않아요.

2 천을 공책 방향마다 6cm씩 여유를 두고 직사각형 모양으로 잘라요. 천으로 공책을 감싸고 테두리를 따라 공책 안쪽으로 두 번 접어요. 천 모퉁이를 스테이플러로 마감해요.

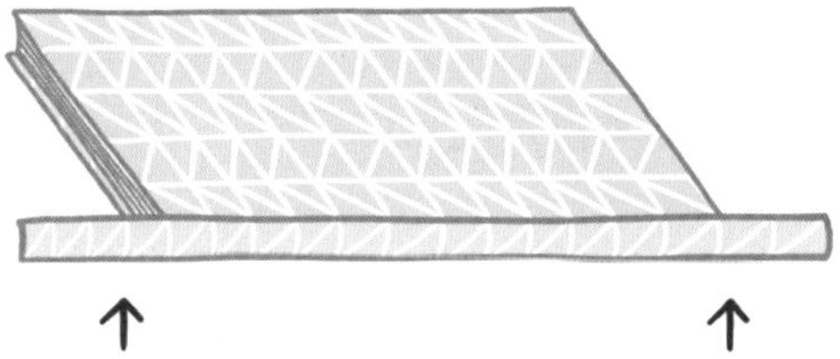

Tip!
안 입는 셔츠 조각을 이용해도 좋아요!

3 공책 등 부분은 아래, 위 각각 6cm씩 여유를 두고 천을 잘라요. 길게 자른 천을 공책과 천 사이에 끼워 넣어요.

Mission nº 3

학용품 재사용하기

8.5kg.
바로 프랑스에서 중학교 1학년이 메고 다니는 가방 무게예요. 자기 몸무게의 20% 정도를 더 짊어지고 다니는 셈이죠.

"가장 좋은 쓰레기는 만들어지지 않은 쓰레기다." 이 말은 아직 멀쩡한, 거의 쓰지 않은 학용품을 버리지 않고 사용하면 쓰레기가 만들어지지 않으니까 재활용을 고민할 필요도 없다는 의미예요! 실제로 개학 때마다 초등학생의 경우 평균 150유로(약 20만 원) 이상 들어요. 중학교에 들어가면 두 배 정도 들고요. 학용품을 재사용할 만한 가치가 충분하지 않나요? 그러면 개학 때 부담을 줄일 수 있고, 지구도 지킬 수 있어요! 만약 형제나 자매가 있다면 학용품 준비하는 데 돈이 어마어마하게 들걸요! 위의 말을 마음에 새기면서 가방 안을 한번 들여다보고 아직 쓸 수 있는 것이나 다른 용도로 사용할 수 있는 것을 찾아봐요!

셀프 테스트!

학용품을 전부 모아놓고 공책, 볼펜, 사인펜, 책가방 등 플라스틱이 들어 있는 물건을 분류해봐요. 체중계를 가져다 플라스틱 학용품을 들고 무게를 잰 뒤 학용품을 빼고 무게를 재봐요. 그러면 플라스틱 학용품의 무게를 알 수 있을 거예요.

내 몸무게는 ______ kg이에요.
내 몸무게와 플라스틱 학용품을 합치면 ______ kg이에요.
따라서 플라스틱 학용품의 무게는 ______ kg이에요.

무게를 보고 놀랐나요? 연말에 이 모든 것을 버려야 할 수도 있다는 것을 기억하세요!

직접 해봐요!

다음 목록을 살펴보면 학용품을 효과적으로 재활용할 아이디어가 떠오를 거예요.

- **공책:** 아직 뒤쪽에 안 쓴 페이지가 남았다면 연습장을 만들거나 남은 페이지끼리 스테이플러로 묶어 작은 수첩을 만들어봐요. 공책 커버는 벗겨서 정리함으로 이용하고요.
- **볼펜과 사인펜:** 하나씩 하나씩 확인해봐요. 아직 쓸 만한 것은 필통이나 상자에 담아놓고 1년 내내 사용해요.
- **연필:** 조금 짧아졌지만 아직 쓸 만하다면 조심스럽게 깎아서 예쁘게 다듬어 다시 사용해요!
- **직각자와 자:** 금속 재료로 된 걸 골랐나요? 잘했어요! 이제 아주 오랫동안 계속 쓰게 될 가능성이 높아요.
- **백팩:** 아직 쓸 만하다면 계속 사용해요! 그렇지 않다면 몇 년 동안 쓸 수 있는 품질 좋은 가방을 선택하는 게 좋아요. 또 다른 방법은 멀쩡한 상태의 중고제품을 사는 거지요.
- **주머니, 파일첩, 단어장:** 아직 쓸 만하다고 생각되면 재사용해요. 그렇지 않다면 다른 용도를 생각해봐요. 예를 들어 단어장의 경우 미션 2에 사용할 수도 있겠네요!
- **필통:** 분명 계속 사용할 수 있을 거예요. 만약 오랫동안 사용할 필통을 원한다면 금속, 나무, 가죽 또는 재활용된 타이어로 만든 것을 골라요.

Mission nº 4

반 친구들과 함께하기

아프리카 속담에 "혼자서는 빨리 갈 수 있지만 함께라면 더 멀리 갈 수있다"라는 말이 있어요.

1년 내내 학교에서 글쓰기, 계산, 측정, 그림, 색칠, 콜라주, 운동 등 다양한 활동을 할 거예요. 이런 활동에는 대부분 플라스틱으로 만든 물건이나 일회용품이 쓰여요. 반 친구들에게 플라스틱 없이 사는 삶을 실천하는 모습을 보여주면 어떨까요? 플라스틱 제로의 대변인이 되는 거예요. 혼자 하기 부담된다면 반에서 그룹을 만들어 이 미션을 완수해보면 어때요? 여럿이 행동하면 분명 더 많은 아이디어가 떠오르는 것은 물론 동기도 강해질 테고, 수행하고 싶은 계획을 추진할 힘도 더 생길 거예요. 그러면 선생님이나 부모님 같은 어른들도 여러분의 목소리에 귀를 기울일 거예요.

셀프 테스트!

친구들에게 플라스틱 제로 운동을 소개하고 함께 참여하는 방법을 알려주면 좋은 점은?

- A. 자부심이 생겨요.
- B. 미소가 지어져요.
- C. 쓰레기통 속 쓰레기가 줄어들어요.
- D. 짜증 나요.

답 A, B, C. 반 친구들이 플라스틱 제로 운동에 참여하도록 독려하면 즐겁고 자부심이 생기는 등 예상치 못한 기쁨이 찾아올 거예요.

직접 해봐요!

반에서 함께 해볼 수 있는 계획들이에요.
함께 힘을 합치면 지구를 보호할 수 있어요.
좋은 습관을 길러봐요!

기부 상자 또는 책 상자 만들기

집에 더 이상 쓰지 않지만 아직 쓸 만한 물건들이 있을 거예요. 기부 상자를 만들어 각자 필요 없는 물건을 담아두고 필요한 사람이 가져가도록 해요.

색연필 사용하기

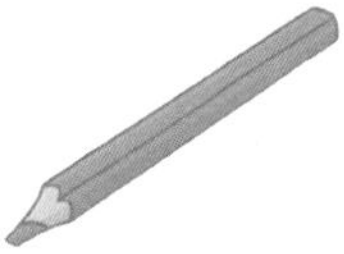

사인펜 대신 색연필을 사용해요.

쓰레기 없애기

집에서 만들거나 가게에서 포장되지 않은 간식을 구매해요.

다른 방식으로 책상 청소하기

빨아 쓰는 키친 타월을 사용해요. 아니면 낡은 수건 조각을 이용하거나 직접 걸레를 만들어봐요(미션 38). 또한 식초와 물을 2:1 비율로 섞어 재활용 스프레이 통에 담아 책상을 청소해요. 다 쓴 스프레이 통에 새로운 삶을 부여하는 거죠!

Tip!

반 친구들에게 가장 해보고 싶은 아이디어에 투표하라고 제안해봐요!

재활용 상자 만들기

상자 안에 플라스틱 제품을 넣고 전문 기업이 수거해가도록 해요. 일부 지역 협회에서는 플라스틱 뚜껑을 가져가기도 한대요.

Mission nº 5

플라스틱 없는 케르메스 준비하기

학교 행사를 준비하는 건 보통 일이 아니에요. 플라스틱 없는 케르메스(케르메스는 프랑스에서 특별한 학교 행사를 의미해요. 보통 유치원이나 초등학교에서 벌이는 행사인데, 야외에서 진행하고, 다양한 부스에서 많은 물건을 판매해요_옮긴이)를 기획하는 건 쉽지 않은 도전이지만, 많은 사람에게 경각심을 불러일으키고, 특히 쓰레기 무게를 줄일 수 있어요. 선생님, 부모님, 교직원 등 학교의 어른들과 함께 지구 환경을 더 생각하는 케르메스를 주최해봐요. 예를 들어 첫 번째 단계는 주변에서 쓰레기를 제일 많이 배출하는 물건을 몰아내고 각각 대안을 찾는 거예요. 일회용품을 사용하지 않고 일회용품보다 더 오래 쓸 수 있는 물건을 골라요.

2021년.
이때부터 유럽 연합 가입 국가에서 일부 일회용 플라스틱 제품을 금지하는 조치가 발효됐어요.

셀프 테스트!

이런 행사를 할 때 사용되는 일회용 접시(하드보드지로 만든 것이더라도)의 양을 헤아려보기 위해 학교 행사에 필요한 컵과 접시의 수를 적어봐요. 우선 학생 수를 계산하고 방문할 부모님, 형제, 자매 등 한두 명분을 추가해요.

컵 ....

접시 ....

포크 ....

칼 ....

숟가락 ....

냅킨 ....

합계 ....

직접 해봐요!

제로 플라스틱 케르메스를 재미있게 기획할 방법을 고민하기 시작했나요? 반 친구들과 함께 아이디어 상자를 만들어 가득 채워봐요. 그 안에 들어 있는 모든 아이디어가 케르메스에서 실행할 프로젝트가 될 수도 있어요.

음식

- 친환경 컵이나 씻어 다시 사용할 수 있는 접시를 구입해요. 또는 각자 집에서 자기 몫의 접시와 천으로 된 냅킨을 가져오게 해요. 두 방법을 한꺼번에 써도 좋아요.
- 포장되어 있지 않은 음식(정육점에서 산 소시지)이나 집에서 만든 요리(케이크)를 가져와요.
- 감자튀김이나 사탕을 포장할 때는 일회용 플라스틱 대신 종이나 하드보드지를 골라요.

장식

- 하드보드지나 천으로 만든 장식품을 사용해요.

분리수거

- 각각 다른 쓰레기통을 설치하고 안내판을 만들어 명확하게 분리수거를 할 수 있도록 해요.
- 케르메스가 끝난 뒤 쓰레기 무게를 재봐요. 물건을 최대한 적게 버릴 수 있어요!

선물

- 워크숍을 기획해 시간을 선물해요.
- 각자의 재능(재봉, 뜨개질, 수리)을 기부해 선물을 직접 만들 수도 있어요. 쓸데없고 금세 망가지는 물건은 선물할 필요가 없어요.

활동

- 정원 가꾸기(신문지로 만드는 화분)를 주제로 친환경 워크숍을 기획해요.
- 캔으로 쌓은 탑 무너뜨리기, 포대자루 달리기처럼 경쟁 없이 즐길 수 있는 게임을 하거나 페이스페인팅 부스를 세워보는 건 어떨까요?

플라스틱 제로 성취도 **Mission ___ /52** 완료!

Mission nº 6

슬기로운 볼펜 고르기

우리는 수많은 사인펜, 마커, 형광펜을 사용하죠. 한 명씩 따져보면 적은 양일지 몰라도 반, 초등학교나 중학교 전체라고 생각하면 어마어마한 양이죠. 1년에 사용하는 양을 계산해봐요. 컬러 볼펜 4자루, 형광펜 2자루, 수성테이프 1개, 사인펜 약 15자루, 지워지는 사인펜 등을 다 합치니 플라스틱 용기가 23개나 나오네요! 한 반 친구가 25명이라고 치면 무려 575개! 한 학교에 8반이 있다면 1년에 사용되는 사인펜과 마커의 수가 자그마치 4,600개나 돼요! 늘어놓으면 한 바퀴 산책해도 되겠어요!

5.8g.
사인펜 한 자루의 무게예
1년 동안 반에서 사용하
플라스틱 볼펜의 무게를
계산해보세요.
3kg이 넘어요!

셀프 테스트!

볼펜이 처음 발명된 건 언제일까요?

A. 1850년
B. 1938년
C. 1974년

답 B. 만년필과 달리 잉크가 바로 마르는 볼펜의 발명은 혁명이었어요. 볼펜을 판매하는 빅(BIC) 회사의 가장 유명한 볼펜의 경우 전 세계적으로 1,000억 개가 판매됐다고 해요.

직접 해봐요!

플라스틱으로 만들어진 볼펜과 사인펜을 대체할 팁이 아주 많아요.

1 색칠하고 밑줄 칠 때 가능하면 사인펜보다 색연필을 사용해요. 니스 칠 하지 않은 천연나무로 만들어져 FSC 로고까지 써 있는 제품이라면 더할 나위 없죠.

2 파스텔 유형의 두꺼운 분필은 칠판용 마커를 효과적으로 대체할 수 있어요. 지울 때는 천으로 된 수건이랑 물만 있으면 돼요. 선생님께 말씀드려 한 해 동안 사용되는 수많은 마커의 양을 줄여봐요.

3 형광펜의 경우 색연필 버전도 있어요.

4 볼펜도 나무로 된 것, 하드보드지로 만들어진 것, 충전 가능한 것 등 다양해요. 가장 좋은 방법은 하나의 볼펜을 사용하면서 만년필처럼 계속 잉크를 충전하는 거예요.

Tip!

어떤 연필 제작 업체에서는 연필을 끝까지 사용하게 하려고 연필을 다 쓰면 발견할 수 있도록 씨앗을 숨겨놨대요. 연필을 화분에 심고 물을 주면 예쁜 식물로 피어날 거예요!

Mission n° 7

다 함께 쓰레기 줍기

우리 주변에는 쓰레기가 너저분하게 버려져 있는 곳이 많아요. 그 가운데는 플라스틱 쓰레기도 있는데, 자연에 버려진 플라스틱 쓰레기는 비에 쓸려가거나 수도관을 타고 떠내려가요. 이런 사태를 막기 위해 바이런 로먼(Byron Roman)이라는 미국의 네티즌이 '쓰레기태그 챌린지(Trashtag Challenge)'를 시작했어요. 그는 쓰레기가 널려 있는 곳을 찾아내 더러운 모습을 사진으로 찍은 다음 모든 쓰레기를 주웠어요. 그런 뒤 깨끗해진 모습을 찍었죠. 그의 시도는 소셜 네트워크에서 커다란 반향을 불러일으켜 전 세계적으로 유행했지요. 반 친구들과 함께 이 챌린지를 해보면 어떨까요?

80%.
바다를 통해 강으로 흘러들어오는 플라스틱 쓰레기 비율이에요. 예를 들어 매년 프랑스 센강으로 떠내려오는 쓰레기가 200톤이나 돼요.

셀프 테스트!

하루에 쓰레기 한 개

한 해 동안 내내 쓰레기와 싸우기 위해서는 즐거워야 해요. 매일매일 길거리나 자연에 버려진 쓰레기를 하나씩 줍는 거예요. 친구 다섯 명에게 함께하자고 말해봐요. 바다로 흘러들어가지 않을 쓰레기양을 상상하면서요! 이 챌린지는 2015년 프랑스 마르세유의 세 친구가 시작했어요.
'하루에 쓰레기 한 개' 운동을 만들어낸 거죠.

1~2 시간

직접 해봐요!

플라스틱 쓰레기가 자연을 오염시키지 않도록
반 친구들과 함께 쓰레기를 주워봐요.

- 학교 운동장
- 학교에서 가까운 공원
- 걸어서 갈 수 있는 목적지
(수영장 또는 도서관)
- 학교 현장학습

어떻게 하면 될까?

- 담임 선생님께 이 아이디어를 말씀드려요.
선생님이 계획을 도와주고 필요한 재료를 말씀해주실 거예요.
- 반 친구들의 관심을 끌기 위해 대회를 열어요. 누가 쓰레기를 가장 많이 줍나!
- 장소, 약속 시간, 기간, 가져갈 재료, 복장을 정해요.
- 쓰레기 넣을 봉투를 여러 개 가져가요. 이상적인 방법은 분리수거 통(종이, 플라스틱 등)에 그대로 넣을 수 있게 쓰레기 종류별로 분류해놓는 거예요.
장갑이랑 할 수 있다는 의지도 꼭 챙기고요!
- 마지막으로, 지구를 위한 아주 재미난 시간을 보내요. 쓰레기를 다 수거한 다음 쓰레기를 줍기 전과 후의 사진을 찍어 비교해봐요.

Mission n° 8

간식 상자 만들기

이제 더 이상 플라스틱으로 포장된 간식은 사고 싶지 않은가요? 그렇다면 여러 가지 방법이 있어요. 쿠키를 벌크로 사도 되지만 사실 가장 좋은 방법은 직접 만드는 거예요. 그런데 간식을 가방에 넣어 가면 때로는 눌리고 결국엔 부서지고 말죠. 뚜껑 달린 플라스틱 병에 간식을 보관할 수도 있지만, 이런 통은 쉽게 망가져요. 흠집이 생기면 플라스틱 분자가 새어나와 음식을 오염시킬 수도 있고요. 주스 종이팩과 같은 쓰레기를 재활용해 나만의 간식 상자를 만들어보면 어떨까요? 10분이면 충분해요!

3억 2,000만 톤.
매년 전 세계에서 만드는 플라스틱의 무게예요. 1950년에는 150만 톤으로 지금보다 훨씬 적었죠.

셀프 테스트!

간식 상자를 만들고 나면
언제, 어떻게 사용할 수 있을지 목록을 만들어봐요!

- 학교 갈 때
- 산책 갈 때
- 수학여행 갈 때
- 방학 때
- 소풍 갈 때
- ....
- ....
- ....

직접 해봐요!

자, 이제 예쁜 간식 상자를 만들어봐요!

재료

- 정사각형 또는 직사각형 모양의 종이팩(집에서 찾거나 주변 사람들에게 얻어도 좋아요). 종이팩은 밀폐되어 있었기 때문에 음식을 넣기에 적합해요.
- 가위
- 잘 드는 칼
- 리본
- 예쁜 종이
- 풀(밀가루 2큰술, 물 3큰술로 만들어요)

10분

1 종이팩을 아래에서 20cm(만들고 싶은 크기에 따라 조절 가능해요) 남기고 잘라요.

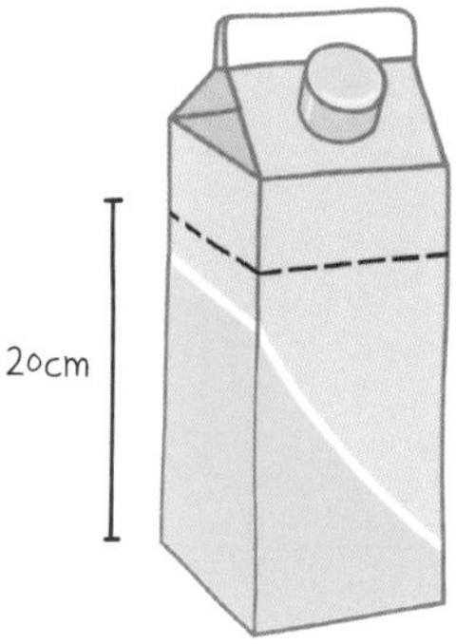

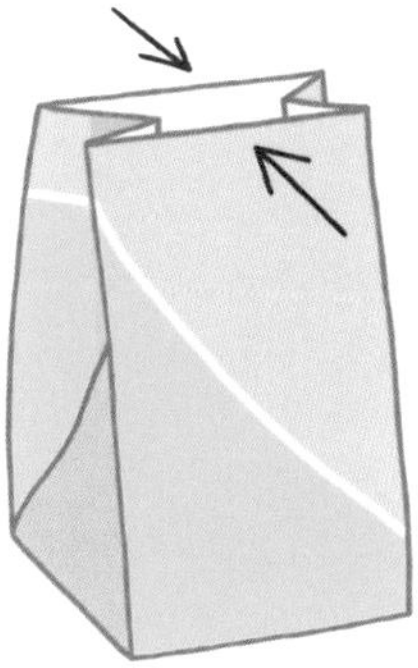

2 두 면이 만나도록 안쪽으로 접어요.

3 칼을 이용해 위에서 2cm 지점에 가로로 구멍을 내고 그 구멍에 리본을 끼워 넣어 묶어요.

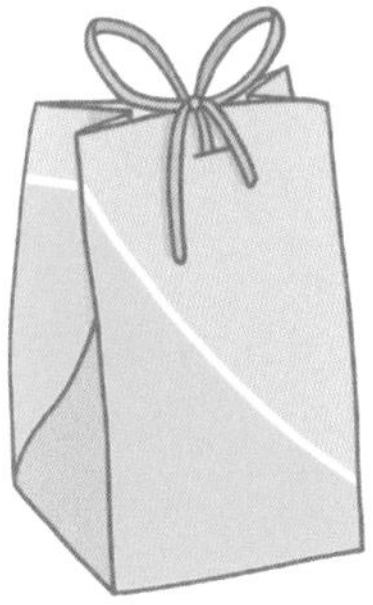

4 풀을 이용해 예쁜 종이를 붙여 장식해도 좋아요.

Tip!

상자 안쪽을 미지근한 물로 씻어주세요. 상자가 망가지면 분리수거 통에 넣으세요. 선물용으로 필요할 수도 있고 가방 깊숙한 곳에 넣어둔 채 잊을 수도 있으니 미리 몇 개 만들어두면 좋아요.

Mission nº 9

씨앗 폭탄 만들기

80%.
전 세계적으로 날개 달린 곤충이 줄어들고 있는 비율이에요.

곤충은 식물과 꽃에서 영양을 섭취해요. 그런 다음 새, 파충류, 물고기, 양서류의 먹이가 되죠. 자연의 순환대로요. 그런데 몇 년 전부터 살충제와 온갖 오염물질 때문에 이 균형이 깨지고 있어요. 동물들은 사람들이 배출한 쓰레기를 먹는데, 그중에는 플라스틱 쓰레기도 섞여 있어요. 과학자들에 따르면 전 세계적으로 약 100만 종이 멸종 위기에 처해 있다고 해요. 우리는 매년 생물 다양성의 풍요로움을 잃고 있는 셈이죠. 그런데 곤충은 자연의 균형에 없으면 안 되는 존재예요. 곤충은 수분 활동을 통해 식물이 씨앗을 맺도록 도와주죠. 여러분도 생물 다양성 보호에 도움을 줄 수 있어요. 꿀벌은 꿀을 많이 맺는 꽃을 좋아해요. 이런 종류의 씨앗으로 '씨앗 폭탄'을 만들어 공원에 꽃가루가 가득한 꽃을 피워요. 이게 바로 꿀벌에게는 감로나 마찬가지죠. 여러분의 정원이나 발코니에도 생명을 피워 보세요!

셀프 테스트!

꿀벌 한 마리는 매일 대략 몇 송이의 꽃을 옮겨다닐까요?

A. 70송이
B. 700송이
C. 7000송이

답 B. 그것도 자기 벌집에서 반경 3km 내에서 얘기예요. 꿀벌은 엄청 부지런해 고작 100mg의 몸무게로 매일 평균 40mg의 꿀을 모아요.

직접 해봐요!

'씨앗 폭탄 만들기'는 생물 다양성을 보호하기 위한 활동 중 하나예요.

15분

재료

씨앗 폭탄 10개 분량

- 퇴비 또는 부식토 2컵 (씨앗에 '좋은 영양분'을 주기 위해서예요)
- 가루 찰흙 1컵(식물의 '집'이 되어줄 거예요)
- 금잔화, 수레국화, 해바라기, 접시꽃 씨앗처럼 꿀이 풍부한 식물의 씨앗
- 달걀 상자 한 통

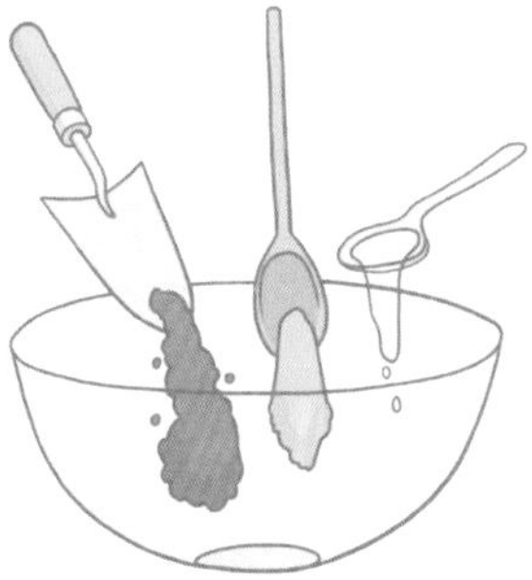

1 크고 깊은 용기에 부식토, 찰흙, 물 2큰술을 넣어요.

2 균일한 반죽을 만들기 위해 잘 섞은 뒤 탁구공 크기로 빚어요.

3 반죽에 작은 구멍을 내고 그 안에 씨앗을 넣어요. 구멍을 막고 달걀 상자에 넣어 하루 동안 말려요.

4 나무 발치, 공터, 가까운 공원으로 나가서 씨앗 폭탄을 뿌리고 와요. 그런 다음 씨앗이 예쁜 꽃으로 피어나길 기도해요!

Mission nº 10

자연과 친해지기

아마도 여러분은 여러 가지 일로 매우 바쁜 생활을 보내겠지요. 학교도 다녀야 하고, 놀기도 해야 하고……. 요즘 자연과 여러분의 관계는 어떤가요? 바깥바람을 쐬고 주변 세계를 이해하러 나가본 적 있나요? 자연을 보호하고 사랑하려면 자연을 더 잘 알아야 해요! 식물학자 훌리오 베탕쿠르(Julio Betancur)를 아나요? 그는 30년 동안 콜롬비아에서 다양한 종류의 식물을 수집하는 믿을 수 없는 일을 해냈어요. 그렇게 해서 60만여 종이 포함된 어마어마한 식물 표본을 만들었고, 현재는 보고타 대학교에 보관되고 있어요. 그가 식물도감을 만든 이유는 무엇일까요? 기록하기 위해서예요. 왜냐하면 세계 각국에서 사람들이 수많은 숲을 파괴하고 있거든요. 여러분의 방식으로 미션 20을 수행하며 정원, 동네 공원, 근처 평야로 나가 식물을 관찰하고 쓰레기와 플라스틱 때문에 야기된 피해를 두 눈으로 확인해보세요.

과학자 수잰 시마드에 따르면 나무들도 지능을 갖고 있대요. 나무는 뿌리 시스템을 통해 소통하여 위험을 막는다네요.

셀프 테스트!

전 세계 과학자들은 새로운 식물 종을 매년 몇 종이나 발견할까요?

A. 30종
B. 450종
C. 2,000종

답 C. 지구가 얼마나 풍요로운지 탐구할 식물 종이 아직 얼마나 많은지 보여주죠.

직접 해봐요!

주변 자연환경으로 나가 다양한 자료를 수집해보세요.
카메라, 공책, 연필을 챙기는 것도 잊지 말고요.

- 공책 첫 페이지에 언제, 어디로 갔는지 기록하세요. 자연은 계절에 따라 모습이 달라지니까요.

- 산책하면서 마주친 식물의 사진을 찍거나 (자연을 훼손하지 않기 위해 아주 소량만) 수집해보세요. 관찰한 내용을 공책에 적어봐요. 크기, 색깔, 잎의 유형, 꽃, 발견한 장소…….
- 주변 나무들도 관찰해보세요. 사진도 찍고요.
- 플라스틱 쓰레기를 발견하면 메모하세요. 기회가 된다면 그리고 장비가 있다면 해당 쓰레기를 주워요. 쓰레기가 너무 많으면 친구들과 함께 쓰레기 줍기 미션을 계획해봐요(미션 7 참조).
- 집으로 돌아가면서 인터넷으로 오늘 찾은 식물의 특성을 검색해보세요.

Tip!

'자연을 알고 보호하자(Connaître et protéger la nature, CPN)' 연맹은 세계 다양한 국가에 존재해요. 이 연맹은 아이들을 위한 워크숍을 기획해 함께 숲과 늪을 탐구하고 바닷가로 떠나 동물들을 만나게 해줘요.

플라스틱 제로 성취도 **Mission ___ /52** 완료! ○

Mission nº 11

씨앗 엽서 만들기

엽서는 일회성 제품이라고 할 수 있어요. 안부를 전하거나, 새해 또는 크리스마스 인사를 하고, 애정 어린 글을 적어 보내면 다시 쓸 일이 없으니까요. 엽서를 만들 때는 합성 잉크를 사용해 인쇄하는 공정을 거치기 때문에 환경오염을 일으켜요. 게다가 새해나 크리스마스에 보내는 엽서는 플라스틱 필름으로 포장되어 있죠. 미션 21은 엽서를 쓸 때 환경을 생각하는 마음과 의미를 더해줄 거예요. 재활용 종이를 사용해도 좋아요. 씨앗 엽서로 자연에 예쁜 꽃을 피워봐요.

32.5%.
2018년 유럽에서 재활용된 플라스틱 쓰레기 비율이에요.

셀프 테스트!

전 세계에서 엽서를 가장 많이 쓰는 사람들은 누구일까요?

A. 프랑스인
B. 미국인
C. 영국인

답 C. 영국인은 매년 54통의 엽서를 보내요. 일주일에 한 통꼴이죠. 미국인은 40통, 프랑스인은 주로 여름에 7통을 써요.

직접 해봐요!

나만의 씨앗 엽서를 만드는 건 낭만적인 일일 뿐만 아니라 환경을 위한 행동이기도 해요. 어떻게 만드는지 아래 내용을 살펴봐요!

재료

- 이면지
- 밀가루 풀
  + 밀가루 1큰술
  + 설탕 1/2큰술
  + 물 125ml
- 대야
- 믹서
- 납작한 체
- 심고 싶은 씨앗

30분

1 종이를 잘게 자른 다음 대야에 넣고 물을 부은 뒤 10여 분간 불려요.

2 반죽이 두꺼워질 때까지 믹서로 섞어요. 밀가루 풀 3큰술을 넣어요. 믹서로 최소 5분간은 섞어줘야 반죽이 균일해져요.

3 반죽을 납작한 체 위에 놓고 최대한 물을 빼준 뒤 씨앗을 넣어요. 크레이프를 만들 때처럼 커다란 접시 위에 체를 뒤집고 최대한 물을 빼줘요.

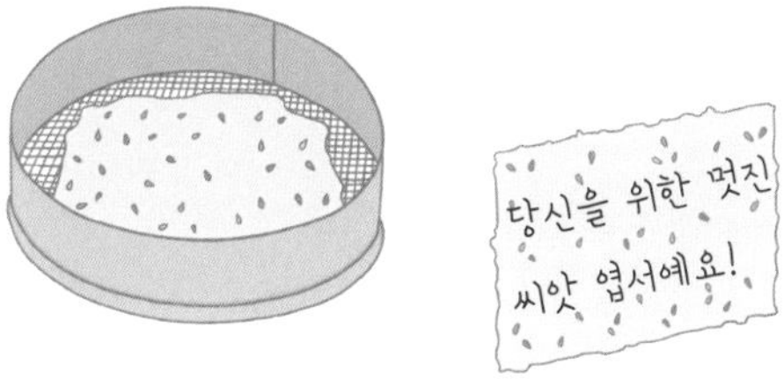

Tip!

받는 사람에게 엽서를 다 읽은 뒤 심고 물을 주면 예쁜 꽃이 핀다고 알려주세요.

4 며칠 동안 말려요. 원하는 모양으로 잘라 엽서를 완성해요. 편지글을 적는 것도 잊지 말고요!

Mission nº 12

새 모이통 설치하기

조류보호연맹(Ligue protectrice des oiseaux)은 새를 돌보고 조사하고 보호하며 사람들에게 경각심을 심어주는 프랑스의 대표적인 협회예요. 그 외에도 버드라이프(Birdlife) 네트워크가 각국 조류보호협회와 관계를 맺고 있어요.

혹시 플라스틱 쓰레기를 먹은 뒤 죽은 새의 모습을 담은 끔찍한 사진을 본 적 있나요? 새들은 쓰레기통을 뒤적거리는데, 플라스틱 쓰레기와 음식물을 구분하지 못해 플라스틱 쓰레기가 새의 소화기관에 남게 되지요. 과학자들은 바다에 아무렇게나 버려진 플라스틱 쓰레기 때문에 바다새 90%가 이런 증상을 겪고 있는 것을 관찰했어요. 겨울에는 새들에게 음식을 조금만 주는 게 좋아요. 왜냐하면 11월 중순에서 3월 말까지 새는 둥지를 거의 떠나지 않거든요. 미션 22를 통해 새들에게 일용할 양식을 나눠주고 관찰해보세요.

셀프 테스트!

전 지구적으로 30년 만에 새의 약 20%가 사라졌어요. 무엇 때문일까요?

A. 사냥
B. 곤충 멸종
C. 오염

답 B와 C. 곤충들이 사라지고 있어요.
환경오염과 집약적 농업방식 때문에 곤충을 먹고 사는 새들의 먹이가 줄어들었어요. 환경오염에 관해 말하자면, 우리가 사는 도시 전체가 오염됐어요. 점점 더 많은 행정구역에서 비료와 제초제로 인한 환경오염을 피하기 위해 '농약 제로' 구역을 설정하고 있어요.

직접 해봐요!

모이통을 만들어봐요, 쉽고 재밌어요!
겨울에 새 돌보는 방법을 함께 알아봐요!

재료

- 다 마신 깨끗한 우유 팩
- 나뭇가지
- 실
- 잘 드는 가위
- 깔때기

15분

1 우유 팩 위에서 8cm 정도 위치에 양쪽으로 지름 4cm의 동그란 구멍을 뚫어요. 이 구멍으로 새들이 모이를 쪼아 먹을 거예요.

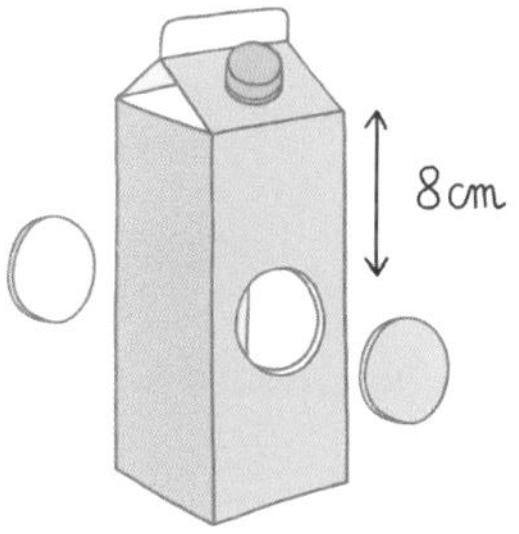

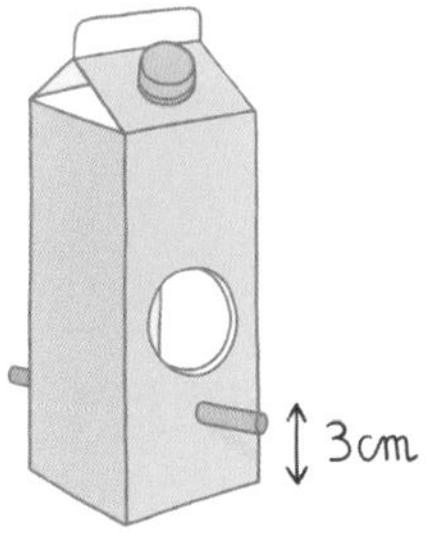

2 우유 팩 아래에서 3cm 정도 위치에 새들이 와서 쉬어갈 수 있도록 나뭇가지를 끼워 넣어요. 줄과 나뭇조각으로 모이통을 꾸미면 훨씬 예쁠 거예요.

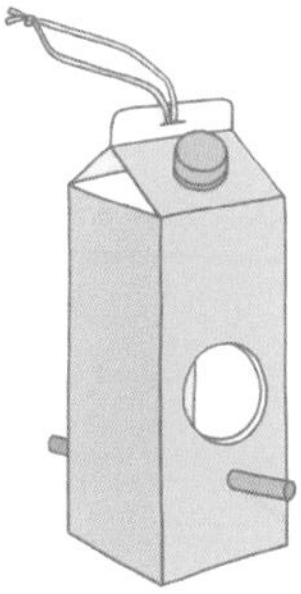

3 우유 팩 윗부분에 가로로 홈을 내고 줄을 끼워 모이통을 매달아요. 가능하다면 궂은 날씨와 천적을 피할 수 있는 장소를 골라요.

4 깔때기를 이용해 우유 팩 주둥이로 조심스레 모이를 넣어줘요. 새들이 특히 좋아하는 해바라기 씨는 벌크로 구매할 수 있어요. 아니면 소금 간을 하지 않은 견과류 믹스나 조금 상한 과일을 넣어놔도 좋아요. 조그만 용기에 물을 부어놓으면 새들이 아주 좋아할 거예요. 빵이나 너무 기름진 제품은 새들의 건강을 해칠 위험이 있으니 피하세요.

플라스틱 제로 성취도 **Mission ___ /52** 완료!

Mission nº 13

부엌에서 나오는 포장 쓰레기 없애기

여러분, 부엌도 마찬가지로 포장재에 점령당한 사실을 알고 있나요? 포장재는 제품을 보호하고 옮기는 데 사용되며 아주 유용하죠. 하지만 과대포장된 경우가 많아요. 포장재는 어디에나 있죠. 치즈, 시리얼, 면, 밀가루를 포장하는 데 쓰여요. 일부 제품은 심지어 이중으로 포장되어 있기도 해요. 일부 사탕(사탕 껍질과 사탕이 들어 있는 플라스틱 포장)과 떠먹는 요구르트(플라스틱 용기와 종이로 된 패키지 포장)의 경우가 그렇죠. 부엌이 발디딜 틈 없을 정도예요! 단순하게 생각해보면 우리가 배출하는 쓰레기의 35%는 포장재예요! 하지만 포장재 없이도 생활할 수 있어요. 그게 가능한지 한번 도전해봐요. 부모님도 함께요!

1995년에서 2008년 사이 칩, 퓌레 감자튀김, 과일 조림, 통조림, 주스와 같은 채소 및 과일 가공식품 소비가 두 배 늘었어요.

셀프 테스트!

프랑스에서 버려지는 모든 포장재 중 음식물 포장재의 비율은 어느 정도일까요?

A. 25%
B. 58%
C. 85%

답 C. 엄청난 양이죠? 꼭 필요하지 않았다는 사실을 알고 나면 더더욱 아쉬워요.

직접 해봐요!

이번 미션은 플라스틱 포장이 되어 있지 않은 물건을 사는 거예요.

레벨 1 : 금속, 스테인리스, 유리, 두꺼운 종이 등 계속해서 재활용이 가능해 환경 파괴가 없는 재료로 포장된 제품을 골라요.

레벨 2 : 벌크 단위로 구매해요. 점점 더 많은 가게에서 포장 없이 무게를 달아 제품을 판매하고 있어요. 100% 벌크로 판매하는 가게도 있지만 일부 대형 마트나 유기농 매장에서도 벌크 단위로 제품을 구매할 수 있어요.

벌크 단위로 구매하기

- 깨끗한 천 가방과 유리 용기를 가져가요.
- 무게 값을 더 내지 않도록 미리 유리 용기 무게를 달아요. 계산대에서 유리 용기 무게만큼 빼줄 거예요.
- 천 가방에 면, 쌀, 밀가루, 설탕, 초콜릿, 사탕, 쿠키, 식전 안줏거리, 비스킷 등을 담아봐요. 벌크 매장에서는 심지어 식용유나 청소용품, 화장품도 포장 없이 팔아요(미션 28 참조).
- 그러면 계산원이 다양한 유리 용기 무게를 재고 빈 용기 무게는 빼줄 거예요. 딱 필요한 양만큼만 사니까 대체로 더 저렴하게 구매할 수 있어요.
- 집에 도착해 포장을 풀 필요가 없어, 용기만 정리하면 끝이에요.

Mission nº 14

플라스틱 병 사용하지 않기

물 마실 때 플라스틱 병을 사용하면 실용적이죠. 하지만 문제도 많아요. 먼저, 전 세계에서 너무 많이 사용되고 있어요. 매년 약 6,000억 리터의 물이 플라스틱 병에 담겨 팔려요(즉 1초에 100만 개 이상이에요). 게다가 만드는 데 돈이 많이 들어요. 실제로 플라스틱 병 하나를 만드는 데 석유 100L, 석탄 80g, 가스 42L, 물 2L가 필요해요. 마지막으로, 연구에 따르면 플라스틱 분자가 열에 접촉할 경우(예를 들어 여름 햇볕에 통이 노출될 경우) 물로 옮겨갈 수 있다고 해요. 결국, 건강에 나쁠 수 있다는 거죠. 유럽 국가의 경우 수돗물을 식수로 이용할 수 있어요. 수돗물의 품질을 엄격하게 모니터링하니까요. 하지만 전 세계에서 플라스틱 병에 들어 있는 물을 가장 많이 소비하는 사람은 바로 프랑스인, 독일인, 이탈리아인이에요.

1등.
유럽 하천에서 발견되는 쓰레기 중 플라스틱 병이 차지하는 순위예요.
2등은 음식 포장재고요.

셀프 테스트!

플라스틱 병에 들어 있는 물은 수돗물에 비해 몇 배나 더 비쌀까요?

A. 5배
B. 150배
C. 300배

답 B. 플라스틱 병에 들어 있는 물 1리터는 평균적으로 0.5유로지만 수돗물 1리터는 약 0.0033유로예요.

직접 해봐요!

대체로 수돗물은 마셔도 돼요!
그런데 어떻게 마셔야 할까요?

집에서

물병에 물을 미리 채워놔요.
물에서 염소 맛이 나면 물병 뚜껑을 열어두세요.
한 시간도 안 되어 염소 맛이 사라질 거예요.
아니면 세라믹 볼이나 활성 숯과 같이 물을 깨끗하게
해주고 미네랄을 더해주는 필터도 있어요.

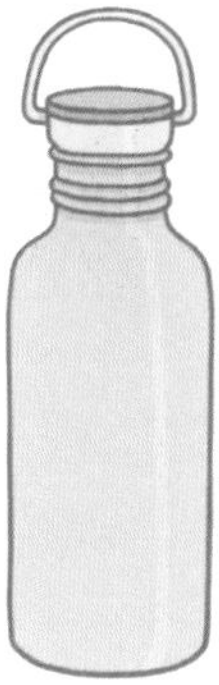

산책 또는 학교에서

운동하러 갈 때, 등교할 때, 산책할 때,
텀블러에 물을 담아 가세요. 이왕이면
스테인리스 텀블러를 선택하세요.
오랫동안 사용할 수 있고 무엇보다
플라스틱 분자가 물로 옮겨갈 위험이
전혀 없으니까요.

Mission n° 15

플라스틱 쓰레기가 나오지 않는 간식 만들기

150만 마리.
매년 플라스틱 오염 때문에 죽는 동물의 수예요.

집이나 밖에서 간식을 먹죠. 때때로 책가방이나 수영가방 깊숙한 데서 발견되는 경우도 있고요. 그런데 간식이 어마어마한 플라스틱 쓰레기를 생산한다는 사실을 알고 있나요? 쿠키 한 박스를 예로 들어볼까요. 비스킷 9개가 플라스틱 케이스에 담겨 두꺼운 종이로 포장되어 있는데, 그 포장은 플라스틱 필름으로 덮여 있어요. 단 아홉 개의 비스킷에는 너무 과한 것 아닌가요? 짜 먹는 젤리형 제품의 경우 기업들에는 대박 상품이지만, 쓰레기를 관리하는 곳에는 재앙이에요. 새로운 종류의 쓰레기인 데다 재활용도 되지 않으니까요.

셀프 테스트!

유럽 사람 한 명이 1년에 생산하는 음식물 쓰레기 무게는 얼마일까요?

A. 12kg
B. 92kg
C. 173kg

답 C. 밭에서 식탁까지 173kg이에요! 식품 가공 체인 고리마다(안 팔린 식품, 유통기한 만료, 보관 방법 문제, 음식 낭비 등) 음식물을 버리게 되거든요.

직접 해봐요!

100% 제로 플라스틱 홈메이드 간식을 만들어봐요! 아래 두 가지 조리법으로 맛있는 간식을 만들어 친구들과 나눠 먹어요.

15분

재료

- 초콜릿 200g
- 버터 50g
- 달걀 2개
- 설탕 80g
- 밀가루 50g
- 효모 1/2큰술

초콜릿 케이크

초콜릿과 버터를 녹인 다음 샐러드 볼에 다양한 재료를 넣고 섞어요.
버터 바른 틀에 붓고 오븐에서 15분 동안 구워요.

작은 비스킷

달걀과 설탕을 섞어요. 밀가루, 효모, 버터, 제스트를 조금씩 첨가해요.
반죽한 뒤 동그란 모양으로 만들어 버터를 바른 오븐용 쟁반 위에 놓아요.
그런 다음 180°C에서 10분 동안 구워요.

재료

- 달걀 3개
- 설탕 120g
- 밀가루 130g
- 효모 1/2큰술
- 부드러운 버터 80g
- 레몬 반 개의 얇은 껍질(제스트)

Tip!

마실 것은 스테인리스 텀블러에 넣어서 가져가요. 과일은 재사용 가능한 용기에 넣어서 가져가거나 통째로 가져가서 먹어요.

Mission nº 16

플라스틱 빨대 사용하지 않기

빨대는 플라스틱 쓰레기의 상징이에요! 스무디나 과일 주스를 마실 때, 집에서, 음식점에서, 패스트푸드점에서 사용하죠. 빨대는 대부분 플라스틱으로 만들어지고 색깔이 입혀 있어요. 빨대는 값도 싸고 만들기도 쉬워요. 가장 큰 단점은 바로 단 한 번만 사용된다는 거죠. 평균적으로 20분 정도 쓰고 바로 버려져요. 빨대는 너무 작고 너무 가볍고 너무 얇아서 재활용할 수가 없어요. 결과적으로 빨대는 전 세계 해변에서 가장 많이 보이는 쓰레기 10위 안에 들어요. 유럽 연합은 빨대 금지 법안에 찬성했어요. 해당 법은 2021년부터 발효돼요.

지구에 아주 좋은 소식이죠!

2월 2일.
세계 빨대 없는 날이에요
주변 사람들과
단골 음식점에 문제를
의식하도록 할
수 있는 날이죠.

셀프 테스트!

매일 전 세계에서 몇 개의 빨대가 소비될까요?

A. 100만
B. 5,000만
C. 10억

답 C. 프랑스 패스트푸드점에서만 900만 개가 버려지고 있어요.

직접 해봐요!

**플라스틱 빨대 사용을 멈추려면 어떻게 해야 할까요?
몇 가지 팁을 알려줄게요!**

20분

집에서

대나무, 스테인리스, 유리, 심지어 짚과 같이 다양한 재료로 만든 새로운 빨대들은 오랫동안 재사용할 수 있어요. 이 빨대들은 작은 솔로 세척해주면 돼요. 유기농 매장이나 벌크 매장에서 살 수 있어요. 그런데 대나무 빨대를 직접 만들 수도 있어요. 이번 미션을 위해 어른에게 도와달라고 부탁해보세요.

재료
- 대나무 한 대
- 작은 톱
- 송곳
- 사포

1 얇고(직경 약 1cm) 상처 없는 대나무를 어른의 도움을 받아 톱을 이용해 알맞은 길이(15~20cm)로 잘라요.

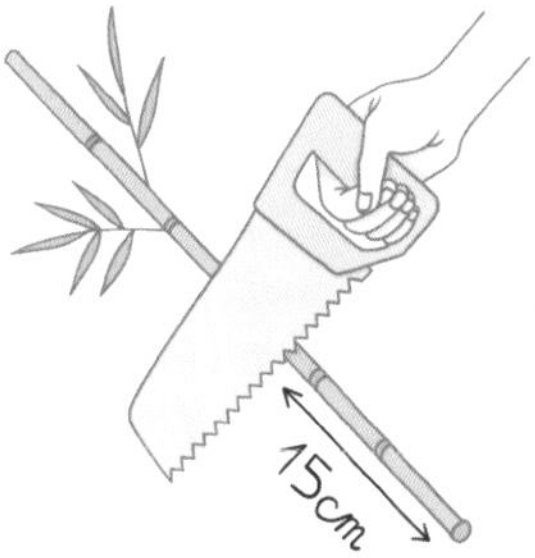

2 막힌 곳은 송곳으로 뚫어요.

3 다치지 않도록 사포로 양 끝을 잘 문질러요. 그런 다음 처음 사용하기 전에 백식초와 물로 전체를 씻어내요.

밖에서

음식점이나 패스트푸드점에서 제공하는 빨대를 거절해요. 예쁘긴 하지만 꼭 필요하진 않아요! 그냥 컵에 입을 대고 마시면 되니까요.

Mission n° 17

나만의 물티슈 만들기

물티슈가 청소와 화장에 쓰이기 시작한 건 겨우 몇십 년 전이에요. 물티슈는 식사 후 탁자를 닦을 때, 화장실을 청소할 때(청소용 물티슈), 아이 엉덩이 또는 생일파티 후 화장한 얼굴을 닦아줄 때(화장용 물티슈) 주로 사용해요. 대체로 화학물질이 스며들어 있는 물티슈는 일회용이에요. 습관이 들면 끊기 어려워요. 그렇지만 물티슈는 우리 쓰레기통 무게를 평균 23kg 더 증가시키는 쓰레기의 재앙이에요. 물티슈 섬유에는 보통 폴리에스테르(플라스틱)에 셀룰로스와 (나무에서 추출한) 비스코스가 섞여 있어요. 따라서 물티슈의 습기를 유지하기 위해 석유화학 화합물이 사용되는데, 일반적으로 자연에 아주 해로워요. 물티슈를 변기에 버리면 분해되지 않고 하수처리장에서 섬유 덩어리로 엉켜 처리하기가 매우 복잡해져요. 따라서 절대로 피해야 하는 쓰레기예요!

250m.
2017년 런던의 하수도에서 발견된 커다란 쓰레기 덩어리의 크기예요. 물티슈, 기름, 기저귀가 섞여 있었죠.

셀프 테스트!

물티슈는 퇴비 통에 버려도 된다.

진실 일까요? 거짓 일까요?

답 **거짓**. 퇴비는 식물성 쓰레기로 만들어지는 비료예요. 여러분이 키우는 채소에 풍부한 영양분을 제공하죠. 그런데 물티슈는 생분해되지 않고 땅을 오염시킬 수 있는 물질이 배어 있으니 퇴비 통에 넣지 마세요!

직접 해봐요!

가게에서 물티슈를 사서 쓰고 쓰레기통에 버리는 대신 직접 나만의 물티슈를 만들어 사용해봐요.

45분

재료

- 대각선 23cm 천 1장
  대각선 23cm 수건 1장
- 시침핀
- 실
- 바늘(재봉틀을 사용할 줄 알면 훨씬 쉬워요)

1 천과 수건의 겉면끼리 마주 보게 놓고 시침핀을 꽂아 두 천을 고정해요.

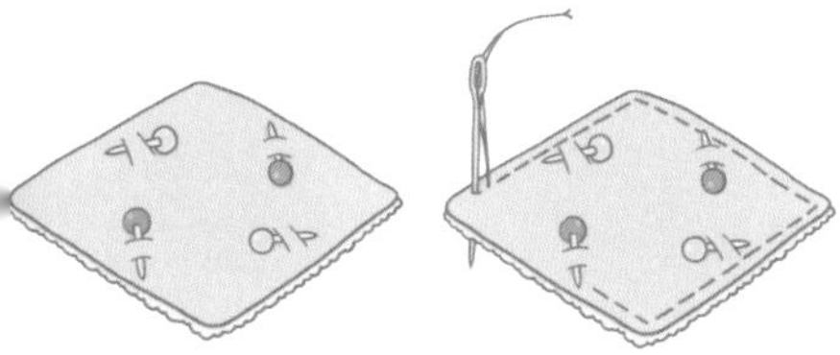

2 끝에서 1cm 안쪽에 테두리를 따라 바느질해요. 약 5cm는 바느질하지 말고 열어둬요. 마지막 지점에 바늘을 꽂아 실이 풀리지 않게 해요.

3 열려 있는 부분으로 뒤집은 다음 바느질해서 마무리해요.

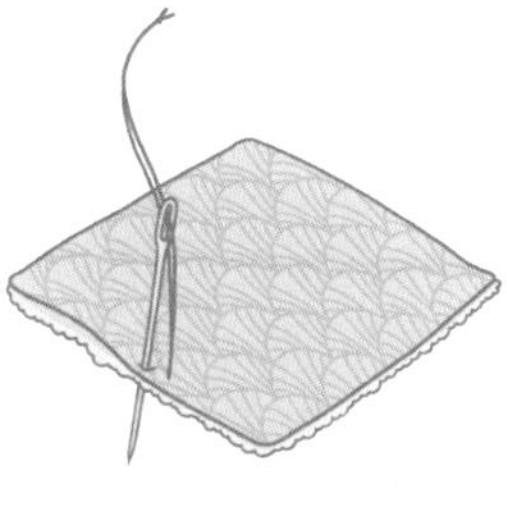

플랜 B

집 청소를 위해 빨아 쓸 수 있는 청소용 물티슈를 만들어봐요. 여러 장의 천(낡은 천이나 수건 등을 이용해요)을 20cm 크기 사각형으로 잘라요. 500ml짜리 유리병에 넣어요. 백식초 350ml, 주방용 액체세제 1/2큰술, 물 100ml를 첨가해요. 만약 냄새가 마음에 안 들면 미리 감귤류 껍질을 담가봐요.

Mission nº 18

홈메이드
마요네즈, 케첩 만들기

이번 미션의 목적은 평소에 여러분이 사곤 했던 제품을 직접 만들 수 있다는 사실을 깨닫게 해주는 거예요. 일상에서 사용하는 수많은 제품을 직접 만들 수 있어요. 특히 여러분이 먹는 음식들로요. DIY(Do It Yourself, '직접 해보자'라는 의미예요)라고 불리는 이러한 경향은 최근 몇 년간 급속도로 퍼졌어요. 화장품, 청소용품, 재봉, 수리 등 여러 분야에서 유행하고 있어요. 좋아하는 소스를 직접 만들면 첨가물이 들어 있고 플라스틱 병에 담긴 소스를 사지 않아도 될 뿐만 아니라, 여러분이 먹는 음식의 재료를 정확하게 알 수 있어요. 그래서 건강에 좋지 않은 재료를 피할 수도 있죠. 게다가 맛은 비교도 안 될 거예요!

90%.
배 속에 플라스틱 조각을 품고 있는 바다새의 비율이에요. 플라스틱을 먹이와 헷갈려서 먹은 거죠.

셀프 테스트!

'못난이' 과일 또는 채소가 뭘까요?

A. 색깔이 고르지 못한 작물
B. 모양이 예쁘지 않은 작물
C. 가장자리가 갈고리 모양인 작물

답 B. 점점 많은 상점에서 맛은 있지만 크기와 모양에서 표준과 동떨어진 과일과 채소를 팔고 있어요. 그래서 구분하기 위한 로고도 있는데, 바로 '못난이 채소'예요. 못난이 채소는 훨씬 저렴해요. 못생긴 채소를 낭비하지 않는 아주 중요한 한 걸음이죠.

직접 해봐요!

100% 천연 재료로 만든 두 가지 소스 조리법으로
다양한 요리에 새로운 맛을 가미해보세요!
맛볼 준비 됐나요?

재료

- (상온에 꺼내둔) 달걀의 노른자
- 해바라기씨유 1큰술
- 겨자 2큰술
- 소금
- 후추

마요네즈 5~10분

흰자와 노른자를 분리해요. 흰자는 쓰지 않을 거예요. 볼에 달걀노른자와 식용유 1큰술, 겨자 2큰술, 소금과 후추를 조금 넣어주세요. (손이나 핸드 믹서로) 재료들을 섞어주세요. 몇 분 지나면 반죽이 꾸덕꾸덕해질 거예요. 계속 저으면서 식용유를 조금 추가해요. 원하는 양을 얻을 때까지 이 과정을 계속하세요.

보관
시원한 곳에서 며칠

케첩 45분

토마토를 씻은 뒤 마늘, 양파 그리고 토마토를 잘게 잘라주세요. 모든 재료를 냄비에 넣어요. 가끔 저어주면서 약 30분간 끓여요. 잘 섞어주면 맛있는 식감의 케첩을 만들 수 있어요. 다 됐네요!

재료

- 잘 익은 토마토 500g
- 양파 1개
- 마늘 1쪽
- 식초 5큰술
- 사탕수수 설탕 20g
- 소금 1작은술
- 후추 1작은술
- 정향 1개
- 파프리카 가루 1작은술

보관
시원한 곳에서 1주일

Mission nº 19

홈메이드 음료 만들기

> **4,000개.**
> 전 세계에서 1초마다 만들어지는 코카콜라 페트병의 개수예요.

탄산음료와 기타 가당음료는 수많은 플라스틱 병을 만들어내요. 수십 년 전에는 유리병 보증금 제도가 있었어요. 병 음료를 다 비우면 다시 가게로 가져가 보증금을 받았어요. 이렇게 회수된 병을 세척해서 다시 사용했죠. 운반에 소모되는 에너지를 생각할 때 지구를 보호하는 데 가장 효과가 뛰어난 시스템이에요. 하지만 불행히도 프랑스에서는 이 시스템을 더 이상 사용하지 않아요. 하지만 일부 쓰레기 제로 선구자들이 다시 유행을 불러오고 있어요. 이 시스템이 다시 모든 곳에 정착할 때까지 나만의 레모네이드와 맛있는 또 다른 음료를 직접 만들어봐요!

셀프 테스트!

코카콜라는 몇 년도에 만들어졌을까요?

A. 1886년
B. 1925년
C. 1984년

답 A. 코카콜라는 미국의 한 약사가 발명했는데, 처음에는 유리병에 담아 팔았으나 1981년 이후부터 PVC 플라스틱 병으로 대체됐어요.

직접 해봐요!

목이 좀 마른가요? 여러분의 건강에 좋은 두 가지 조리법을 소개할게요. 좋아하던 탄산음료를 잊게 될걸요.

허브 및 과일 우리기

5분 + 우리는 시간

우린다는 것은 허브나 과일을 몇 시간 동안 담가놓는 것을 말해요. 주둥이가 큰(3~4cm) 1리터짜리 유리병에 물을 채워 넣은 다음 취향에 따라, 레몬이나 오렌지 제스트, 딸기 꼭지, 민트나 타임 잎, 오이 조각, 멜론이나 수박 조각 등을 넣어요. 3시간 동안 우린 다음 스키머 국자로 건더기를 걸러내요.

Tip!

음료에 살충제가 들어가지 않도록 유기농 제품을 사용하세요.

탄산 레모네이드

5분 + 발효 시간

재료

- 물 100ml + 물 850ml
- 설탕 100g
- 신선한 레몬 1개 (조각으로)
- 말린 무화과 1개
- 베이킹소다 1꼬집

1 물 100ml에 설탕을 넣고 설탕이 물에 완전히 녹아들 때까지 저은 뒤 10분 동안 그대로 둬요.

2 유리병에 설탕물과 무화과, 레몬, 베이킹소다 한 꼬집을 넣고 물 850ml를 더 부어요.

3 상온에서 최소 일주일 동안 발효되도록 둬요. 설탕이 탄산으로 변할 거예요. 무화과가 떠오르면 모든 재료를 걸러내고 마셔요.

보관

냉장고에서 이틀

플라스틱 제로 성취도 **Mission ___ /52** 완료!

Mission nº 20

천으로 그릇 덮개 만들기

생일 케이크를 선물하기로 약속했는데 친구 생일이 성큼 다가오고 있나요? 아마도 여러분은 플라스틱 필름이나 알루미늄으로 케이크를 덮어 가지고 가겠죠? 그런데 이 (좋지 않은) 습관을 바꿔보면 어떨까요? 많은 플라스틱을 소비하는 것도 그렇지만 이런 포장재는 건강에도 좋지 않아요. 수많은 과학적 연구가 증명했듯이, 플라스틱의 일부 화학 성분은 음식에 전달될 수 있어요. 특히 음식이 기름지거나 따뜻할 때요. 이 성분을 내분비계 교란물질이라고 하는데, 여러분의 성장과 잠을 관리하는 호르몬에 안 좋은 영향을 미쳐요.

150억 유로.
식품가공업계가 플라스틱으로 환경에 미치는 금전적 영향을 환산한 값이에요. 이 금액에는 동물에 대한 피해, 해변 청소 비용, 어획량 감소 피해 값이 포함되어 있어요…….

셀프 테스트!

스티로폼 상자(식육 포장 유형)가 자연에 버려지면 분해되는 데 얼마나 걸릴까요?

A. 10년
B. 400년
C. 1000년

답 C. 네, 그래요. 폴리스티렌(스티로폼)은 생분해가 되지 않아요.

직접 해봐요!

요리용 필름과 포장지 대신 천으로 만든 그릇 덮개를 사용해요.
친환경적일 뿐만 아니라 요리가 더 특별해 보일 거예요!

1시간

재료

- 대각선으로 최소 50cm 크기의 면 또는 리넨 천 정사각형 2장.
- 고무줄(예를 들어 더 이상 입지 않는 치마에서 빼낸 것)
- 잘 드는 가위
- 실과 바늘(사용할 줄 안다면 재봉틀)
- 시침핀
- 안전핀
- 리본 1m

1 두 천의 겉면끼리 포개어 시침핀으로 고정해요. 분필로 한 면에 갖고 있는 그릇 중 가장 큰 그릇을 대고 그려요. 같은 면에 첫 번째 원보다 지름 6cm 작은 원을 그려요. 그런 다음 바깥 원을 따라 천을 잘라요.

2 두 개의 천을 테두리에서 0.5cm 안쪽으로 바느질해요. 입구로 사용할 5cm는 남겨두고요. 뒤집어 테두리에서 1.5cm 안쪽으로 꿰매요(이번에는 남겨두는 곳 없이 전부 꿰매요).

3 그릇의 테두리를 잰 뒤 0.6을 곱하면 필요한 고무줄 길이가 나올 거예요.
고무줄을 옷핀에 끼우고 입구 안쪽으로 밀어 넣어요.
그런 다음 고무줄을 한 바퀴 돌려 빠져나오게 해요.
고무줄 두 끝을 함께 꿰매고 구멍을 막아요.
다 됐어요!

Mission n° 21

떠먹는 요구르트 만들기

30%.
전 세계 인구 중 정기적으로 떠먹는 요구르트를 먹는 비율이랍니다.

냠냠. 떠먹는 요구르트! 좋아하는 사람이라면 일주일에 몇 개씩 먹겠죠. 가족 단위로 생각하면 엄청난 양을 쌓아둬야겠네요! 프랑스에서는 매년 160억 개의 떠먹는 요구르트 용기가 쓰레기통에 버려져요. 두꺼운 종이나 유리에 담긴 요구르트도 있지만 기업들은 선택하지 않아요. 왜냐하면 만드는 데 돈이 더 많이 들거든요. 요즈음 떠먹는 요구르트 용기가 거의 재활용되지 않는다는 사실을 알고 있나요? 용기가 더럽고 작고 다른 걸로 재사용하기에도 복잡해서요. 게다가 떠먹는 요구르트 용기를 재활용하는 건 인력도 필요하고 세척까지 해야 해서, 대체로 소각장이나 매립지로 보내지죠. 훌쩍…….

셀프 테스트!

전 세계 사람들은 떠먹는 요구르트를 1초에 얼마나 먹을까요?

A. 35kg
B. 280kg
C. 473kg

답 C. 전 세계에서 떠먹는 요구르트를 가장 많이 먹는 건 네덜란드인이에요. 1년에 약 185개의 요구르트를 먹어요. 2위는 프랑스인인데, 1년에 168개를 먹어 치워요. 떠먹는 요구르트를 가장 적게 소비하는 건 이집트인으로, 1년에 평균 13개 정도만 먹는다고 하네요.

직접 해봐요!

떠먹는 요구르트를 직접 만들어봐요, 아주 쉬워요!

15분
+
휴지기간

재료

- 우유 1L
- 요구르트나 유산균
- 깨끗하게 씻은 뚜껑 달린 유리 용기 8개
- 냄비
- 큰 냄비
- 250ml짜리 유리 용기
- 담요

1 우유를 약한 불에서 10분 동안 끓인 뒤 식혀요.

2 식힌 우유에 요거트나 유산균을 섞고 용기에 담은 다음 뚜껑으로 덮어줘요.

3 큰 냄비에 250ml짜리 용기를 넣고 그 안에 끓는 물을 부어요. 그런 다음 주변으로 각각 요구르트가 든 용기를 넣어요. 냄비 뚜껑을 닫고 담요로 덮어두세요.

4 요구르트가 발효되려면 약 6시간이 걸려요. 이 기간이 지나면 냉장고에 보관해주세요. 홈메이드 떠먹는 요구르트는 시원한 곳에서 8일 동안 보관이 가능해요. 그중 하나는 뒀다가 다음 요구르트를 만들 때 사용하세요!

Tip!

떠먹는 요구르트를 산다면 유리병으로 된 것을 사세요. 그리고 우유도 보증금을 반환해주는 유리병에 든 것으로 사고요. 요구르트에 맛을 더하고 싶으면 잼, 과일 믹스, 꿀 등을 넣어서 먹어요.

Mission nº 22

안 입는 옷으로 빵 주머니 만들기

비닐봉지……. 식료품을 가게에서 집까지 운반하거나 보관할 때 매우 유용하죠. 국제연합(UN)에 따르면 전 세계에서 매년 5조 개의 비닐봉지가 사용된다고 해요. 그중 아주 극소량만 재활용되죠. 이제 여러분의 습관을 바꿔보면 어떨까요? 예를 들면 빵집에서 포장지 없이 바게트나 빵을 사 오는 것도 가능하고요. 대체로 이 포장재는 종이로 만들어져 있지만 소비자가 내용물을 보고 사고 싶어지도록 플라스틱으로 된 경우도 있어요. 빵을 사러 갈 때 주머니를 가져가세요. 일상에서 친환경을 실천할 수 있는 첫걸음이 될 거예요. 더 좋은 건, 영원히 사용할 수 있는 나만의 주머니를 만드는 거죠!

400년.
버려진 비닐봉지가 자연에서 분해되는 데 걸리는 시간이에요.

셀프 테스트!

2016년, 프랑스 정부는 슈퍼마켓 계산대에서 비닐봉지 제공을 금지했어요. 하지만 비닐봉지는 여전히 사용되고 있어요. 어디서일까요?

A. 시장에서
B. 과일 및 채소 코너에서
C. 슈퍼마켓 계산대에서 유료로 제공.

답 A, B, C. 비닐봉지 사용이 현저히 줄어들긴 했지만, 법이 발효된 지 몇 년 지났음에도 비닐봉지는 여전히 슈퍼마켓이나 시장에서 사용되고 있어요. 뿐만 아니라 패스트푸드점이나 작은 가게에서도 사용되고요.

직접 해봐요!

미션: 오래된 셔츠나 바지로 나만의 바게트 주머니를 만들어요!

15분

재료
- 실
- 바늘
- 가위
- 리본
- 큰 구슬
- 안전핀
- 바게트용: 면 셔츠
- 빵용: 성인 바지

1 셔츠 소매를 어깨 부근에서 자른 뒤 뒤집어요. 어깨 쪽에 시침핀을 꽂고 가방처럼 사용할 수 있도록 꿰매요.

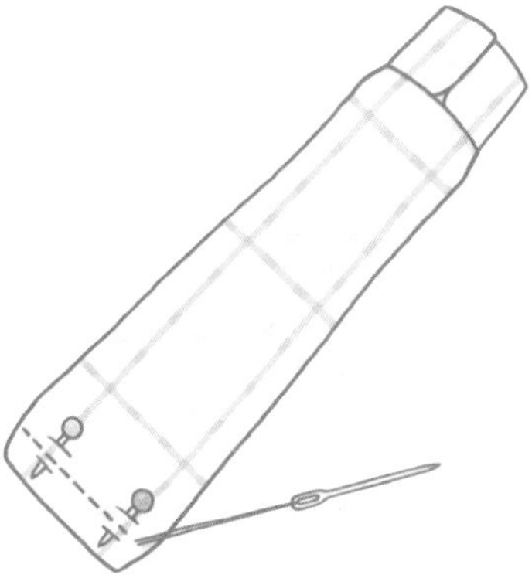

2 겉면이 바깥으로 나오게 뒤집어요. 소맷단에 가위로 가로 1cm 홈을 만들어요. 그 사이로 리본을 통과시켜 옷핀을 꼽아요. 커다란 구슬을 꿰고 리본 양 끝을 묶어요. 이런 식으로 해서 주머니를 잠가요.

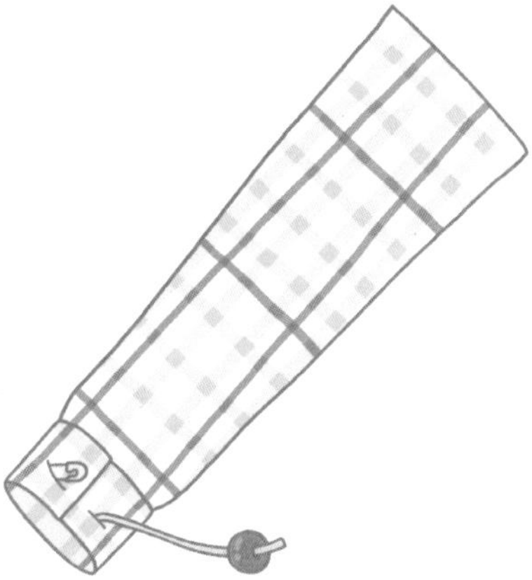

Tip!
빵용 주머니의 경우, 바지 다리 부분을 발목 기준 45cm 정도 지점에서 잘라 똑같은 방법으로 만들어요.

Mission nº 23

홈메이드

그래놀라 만들기

30kg.
1년에 유럽 사람 한 명이 버리는 플라스틱 음식 포장재 무게예요. 한 달에 2.5kg인 셈이죠.

아침에 시리얼 먹는 걸 좋아하나요? 또는 시리얼로 쿠키 만드는 걸 좋아하나요? 유럽 청년의 88%가 이런 습관을 갖고 있어요. 시리얼은 실용적인 아침식사죠. 맛있고 준비도 간편하고 우유랑 먹기도 좋고요. 유럽에서 시리얼을 가장 많이 먹는 건 영국인이에요. 90%의 가정이 시리얼을 소비해요. 평균적으로 연간 한 사람당 약 8kg의 시리얼을 먹어요. 나만의 시리얼을 만들 수 있다는 사실을 알고 있나요? 그러면 두꺼운 종이와 플라스틱으로 된 과대포장과는 안녕이에요. 게다가 시리얼을 직접 만들었을 때의 장점은 덜 기름지고, 덜 달게 만들 수 있는 데다 취향에 완벽하게 맞는 조리법을 구현할 수 있다는 거예요. 또한 벌크로 재료를 사면 지구를 위해 또 한 가지 좋은 일을 하는 셈이죠.

셀프 테스트!

아침 식사 때 플라스틱을 피하기 위한 체크리스트 중 어떤 방법을 실천하고 있나요?

- 벌크 단위로 산 시리얼
- 종이나 두꺼운 종이 포장재에 담긴 시리얼
- 보증금 반환 병에 들어 있는 우유
- 오렌지 착즙 주스
- 천으로 된 포장재에 담아온 빵
- 홈메이드 케이크
- 홈메이드 떠먹는 요구르트(99쪽)
- 홈메이드 잼 또는 페이스트
- 신선한 과일

20분

직접 해봐요!

이 조리법을 따라 맛있는 홈메이드 그래놀라를 직접 만들어봐요!

재료

- 복합탄수화물과 섬유질이 들어 있는 귀리 플레이크 50큰술(300g), 포만감이 들어 11시쯤 느껴지는 출출함을 달래줘요.
- 에너지를 생산하는 지방산과 단백질이 들어 있는 호두, 헤이즐넛, 아몬드, 캐슈너트 등 견과류 15큰술(150g)
- 천연 설탕 6큰술(아가베 시럽, 꿀)
- 코코넛오일 2큰술(맛을 위해)

맛팁 : 말린 과일, 초콜릿 칩, 향신료, 소금 1꼬집, 바닐라 에센스

1 오븐을 150°C로 예열해요. 초콜릿과 말린 과일을 제외한 모든 재료를 움푹한 용기에 붓고 포크로 힘차게 섞어줘요.

2 이렇게 만든 시리얼 믹스를 미리 오일을 발라놓은 오븐용 그릇에 부어주세요. 150°C에서 25분간 노릇노릇해질 때까지 구워요. 중간에 가끔 섞어줘요. 식힌 다음에 초콜릿이나 말린 과일을 추가해요.

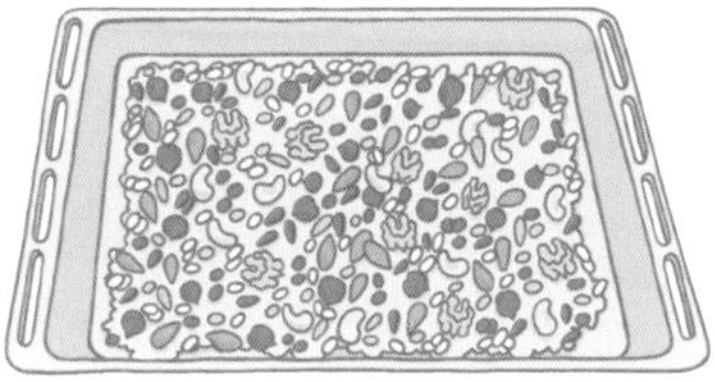

3 밀봉 가능한 용기에 그래놀라를 부어요.

보관

실온에서 한 달

Mission nº 24

수제 치즈 만들기

10리터.
1kg의 에멘탈 치즈를 만드는 데 필요한 우유의 양이에요.

수제 치즈는 정말 만들기 쉬워요. 그럼에도 대부분이 플라스틱 처리된 포장재에 담긴 상태로 팔리죠. 모양도, 색깔도 잘 보이고 쉽게 보관할 수 있으니까요. 치즈 전문점에 가거나 유리로 된 용기를 슈퍼마켓에 가져가면 포장재를 소비하지 않을 수 있어요. 부모님과 함께 시도해보세요, 아주 멋진 경험이 될 거예요. 계속하다 보면 습관이 될 수도 있고요! 또 다른 방법은 직접 치즈를 만드는 거예요. 가족들을 놀라게 할 수 있는 데다 과소비도 줄일 수 있어요. 입맛에 맞게 향을 첨가할 수도 있고요!

셀프 테스트!

전 세계에서 치즈를 가장 많이 생산하는 국가는 어디일까요?

A. 프랑스
B. 미국
C. 중국

답 B. 미국은 치즈를 가장 많이 생산하지만(1,400만 톤) 프랑스와 달리 거의 수출하지 않아요.

직접 해봐요!

재료

- 우유 1L(소, 염소, 암양)
- 레몬즙 또는 식초 3큰술
- 냄비
- 여과기
- 면포
- 유리 용기

1 우유를 3분 동안 데워 미지근하게 만들어요.

2 레몬즙 또는 식초 3큰술을 추가하고 몇 분 동안 매우 약한 불로 데우면서 섞지 않고 지켜만 봐요. 표면에 우유가 응고되어 노란 덩어리가 만들어지는 게 보일 거예요. 덩어리가 액체에서 분리되면 30분 동안 식혀줘요.

3 깨끗한 면포를 여과기 위에 얹고 응고된 우유를 부어 아직 액체 상태인 우유와 분리해요. 면포를 짜서 최대한 물기를 빼낸 다음 다시 식혀요. 딱딱하게 응고된 부분이 완성된 치즈랍니다.

Tip!

향료(고수, 커민, 허브)와 소금, 오일로 치즈에 맛을 입혀요. 더욱 크림 같은 질감을 주려면 저어주거나 처음부터 우유에 생크림 치즈를 추가해요.

4 유리 용기에 옮겨 담아요. 냉장고에 넣으면 3일 동안 보관이 가능해요.

Mission nº 25

플라스틱

조리도구 치우기

우리가 알아차리지 못한 사이 부엌이 플라스틱으로 가득 차버렸어요. 식료품 포장재뿐만 아니라 조리도구도 마찬가지예요. 아마 여러분의 부엌에도 색색깔의 예쁜 몰드와 투명한 플라스틱으로 된 용기, 부드럽거나 딱딱한 뒤집개가 있을 거예요. 또한 플라스틱 믹서, 레몬 스퀴저, 전기포트, 커피메이커와 같은 소소한 전기제품이 부엌을 점령하고 있지 않나요? 재료는 굉장히 다양해요. 여러분의 조상들은 부엌에서 금속, 유리, 도자기 유형의 재료만 사용했고 플라스틱으로 된 이 새로운 조리도구는 전혀 몰랐어요. 따라서 쓰레기도 확실히 더 적게 나왔죠.

40%.
냉장고의 플라스틱 비율이에요. 플라스틱은 칸막이, 내부, 서랍, 문 등에 사용되지요.

셀프 테스트!

어느 정도 가열했을 때 플라스틱 분자의 이동이 일어날까요?

A. 30°C 이상
B. 70°C 이상
C. 100°C 이상

답 **B.** 소스를 데우고 플라스틱 거품기로 섞을 때, 뒤집개로 고기를 뒤집을 때 이 사실을 기억하세요.

직접 해봐요!

여러분의 부엌에서 플라스틱으로 된 조리도구를 찾고 대체재를 생각해보세요. 어른의 도움을 받는 것을 주저하지 마세요!

1시간

부엌	찾은 것	대체재
조리도구	플라스틱 뒤집개	나무 뒤집개
그릇	플라스틱 컵	유리컵
몰드	실리콘 타르트 몰드	스테인리스 타르트 몰드
용기	플라스틱 타퍼웨어	유리 용기
가전제품	플라스틱 전기포트	물 데우기용 냄비

Mission nº 26

천연 제품으로 피부 가꾸기

네, 그래요. 안타깝지만 화장품에도 플라스틱이 포함되어 있어요. 치약, 샤워 젤, 각질 제거제에도 마이크로비즈 형태로 플라스틱이 들어 있어요. 정식 명칭은 폴리에틸렌(PE)이에요. 이 알갱이들은 생분해되지 않고 우리 바다를 오염시켜요. 크기가 1mm도 안 돼 폐수에 살그머니 끼어들어 정화시설 필터로도 걸러지지 않고 바다로 흘러들어가죠. 네덜란드, 미국, 프랑스와 같은 일부 국가들은 다행히 마이크로비즈 사용을 금지했어요. 수많은 크림, 샤워 젤, 샴푸처럼 액체 형태의 플라스틱도 있어요. 이 플라스틱은 구성 성분에 반짝임을 더해줘요. 성분 목록에 석유에서 추출한 광물 오일이라고 적혀 있는 게 그거예요. 아니면 다음과 같이 무해해 보이는 이름으로 표기되어 있어요. 파라피늄 리키듐(Paraffinum Liquidum), 페트롤레이텀(Petrolatum), 세라 마이크로크리스탈리나(Cera Microcristallina)…….

16개.
프랑스 소비자 단체 크슈아지르(Que Choisir)가 발표한 성인 여성 한 명이 매일 사용하는 화장품 개수예요. 아이는 5개만 사용하고요.

셀프 테스트!

프랑스에서 매일 몇 병의 샤워 젤이 팔릴까요?

A. 10,000병
B. 100,000병
C. 500,000병

답 C. 다시 말해, 초당 6병이 팔려요. 프랑스 사람들은 유럽에서 샤워 젤을 가장 많이 소비한답니다.

직접 해봐요!

다음과 같은 사항을 확인해서 미용 용품에 들어 있는 유해 성분을 몰아내요!

1 **화장품 성분표** 를 잘 읽어야 해요. 화장품 성분은 INCI라고 불리는 목록에 모두 나열되어 있고 유해성 정도에 따라 '아주 좋음'부터 '권장하지 않음'까지 분류되어 있어요. 몇 가지 기준을 제시해볼게요.

- 목록이 너무 긴 제품은 피해요. 성분이 15가지 넘어가면 의심해봐야 해요…….
- 성분이 라틴어로 쓰여 있으면 일반적으로 천연 성분이에요.
- 의심스러운 성분은 끝까지 추적해요. '-one', '-ane', '-polymer'로 끝나는 단어는 석유 파생품이니 피하는 게 좋아요. 스마트폰 애플리케이션을 사용하면 이 모든 작업을 쉽게 할 수 있어요. 바코드만 스캔하면 제품이 좋은지 아닌지 알려주기든요.

2 **피부를 가꿀 때** 는 다음과 같은 천연 제품을 사용해요.

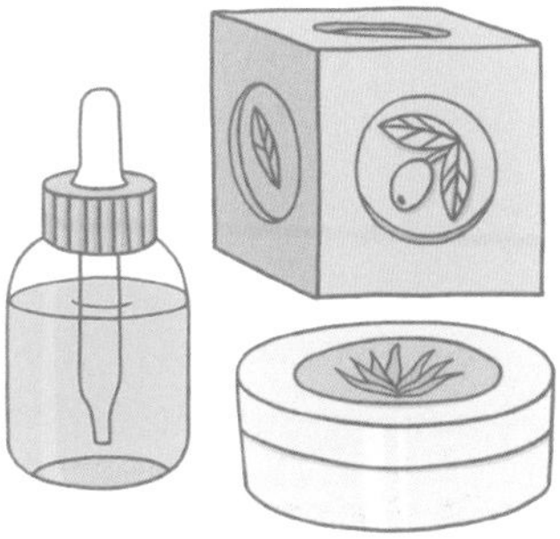

- 코코넛, 아르간, 마카다미아, 호호바 같은 식물성 오일은 피부와 머리카락에 영양분을 주고, 축제가 끝나고 화장을 지울 때 클렌징 오일로 사용할 수도 있어요.
- 장미 플로럴 워터, 오렌지꽃 플로럴 워터(네롤리 워터)는 클렌징 크림 대신 사용할 수 있어요.
- 알로에베라는 손상된 피부(햇빛, 추위, 여드름)를 재생시켜줘요. 젤이나 린스로 사용할 수도 있어요.
- 클레이는 피부를 깨끗하게 해주고 작은 상처를 낫게 해줘요.

Mission nº 27

친환경 칫솔 사용하기

칫솔은 매일 쓰는 물건이죠. 크기는 작지만 전 세계에서 칫솔을 사용하는 사람의 수를 헤아려보면 절대로 작다고 할 수 없어요! 칫솔 무게는 5g이에요. 하지만 지구에 미치는 영향력은 커요. 칫솔 하나를 만들 때 1.5kg의 플라스틱 쓰레기가 생산돼요. 칫솔은 면봉과 함께 욕실에 있는 물건 중 가장 환경오염을 악화시켜요. 매년 40억 개의 칫솔이 버려지는데, 전문가들은 3개월마다 칫솔을 바꾸길 권장해요. 칫솔은 너무 작아서 수거하기도 어렵고 분리수거장에서 재활용하기도 곤란해 결국 소각장이나 매립장으로 보내지죠.

1억 9,400만 개. 프랑스인이 매년 사용하는 튜브 치약 개수예요.

셀프 테스트!

매년 프랑스에서 얼마나 많은 칫솔이 판매될까요?

A. 1,000만 개
B. 6,600만 개
C. 9,000만 개

답 C. 어마어마하죠?

직접 해봐요!

일반적인 칫솔 대신 쓸 수 있는 칫솔이 여러 가지 있어요.

머리가 분리되는 칫솔

칫솔모가 상하면 손잡이 부분은 그대로 사용하고 칫솔모 부분만 버려요.

나무 칫솔

대나무 칫솔은 멀리서 수입해와야 해요. 그러니 유럽 이곳저곳에서 풍부하게 자라는 너도밤나무로 만든 칫솔을 사용해요. 일부 손잡이는 심지어 퇴비로 쓸 수도 있어요.

재활용 가능한 플라스틱 칫솔

칫솔이 플라스틱이라 할지라도 재활용이 가능하다면 새로 만들지 않아도 되니 석유를 절약하는 셈이지요.

바이오플라스틱 칫솔

이 칫솔은 일부분 식물성 원료로 만들어요. 예를 들면 부서진 가리비 껍데기나 재활용된 코르크 뚜껑으로요.

시왁

아프리카에서는 섬유질 나무 막대로 치아 위생을 관리해요. 이 씹는 막대에는 세정 및 소독 효과가 있어요. 생소하긴 하지만 효과가 좋지요.

Tip!

부모님께 유기농 혹은 벌크 매장에 데려다달라고 하세요. 그곳에는 이런 종류의 물건이 많아요.

Mission nº 28

마르세유 비누로 액체비누 만들기

아마도 컬러풀하고 향이 좋은 샤워 젤 통이 여러분의 욕실을 점령하고 있을 거예요. 별로 놀라운 일은 아니죠. 프랑스의 경우 평균적으로 1년에 약 1억 8,600만 통의 샤워 젤을 사용하니까요! 그런데 이 통 대부분은 매립되거나 소각돼요. 매장에서 파는 샤워 젤에는 평균적으로 30여 개의 성분이 들어 있어요. 그중 80%는 물이지만 나머지는 세정제, 결합제, 향료, 보존제, 천연 재료일 수도 있고 아닐 수도 있는 활성제가 들어 있어요.

어쨌든 지구는 물론 여러분의 몸에도 좋을 게 전혀 없는 성분들이지요. 플라스틱 병이 쌓이는 걸 막고 제품에 들어가는 성분을 관리하기 위해 화학자가 되어 나만의 액체비누를 만들어봐요!

4~5가지.
'진짜' 마르세유 비누에 들어가는 재료예요. 염료, 향료는 포함되지 않고 올리브오일, 탄산나트륨, 소금, 글리세린이 들어가죠.

셀프 테스트!

마르세유 비누를 가장 많이 만드는 나라는 어디일까요?

A. 프랑스
B. 중국
C. 터키

답 B. 마르세유에는 옛날 방식을 고집하는 비누 제조업체가 이제 페어 아 슈발(Fer à Cheval), 세라유(Sérail), 마리위스 파브르(Marius Fabre)만 남았고, 이 세 곳에서 전 세계 생산량의 10%를 책임져요. 지리적 표시 보호(IGP)로 제작방식을 보호받고 있죠.

직접 해봐요!

나만의 액체비누를 만드는 매뉴얼이에요!

재료

- 하얀색 마르세유 비누 7g
- 물 240ml: 뜨거운 물 140ml, 차가운 물 100ml
- 글리세린 1작은술(피부에 수분을 유지하기 위해)
- 액체 식물성 오일 1작은술 (피부에 영양을 공급하기 위해)
- 옵션: 예를 들어 라벤더 같은 향수 또는 에센셜 오일 4방울 (향기)
- 넓고 깊은 용기
- 깔때기
- 용기(250ml)
- 알코올 70도와 헝겊

15분

1 깨끗한 헝겊을 사용해 70도 알코올로 도구와 용기를 소독해요.

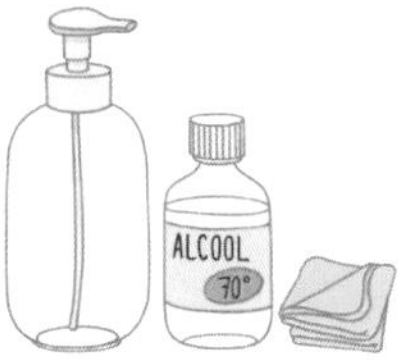

2 넓고 깊은 용기에 비누를 붓고 뜨거운 물 140ml를 부어 녹인 뒤 천천히 섞어요. 그런 다음 차가운 물 100ml를 붓고 글리세린과 식물성 오일을 넣어요. 거품이 나지 않도록 섞어요.

3 향수로 반죽에 향기를 입힐 수도 있어요.

4 깔때기를 이용해 250ml 크기의 용기에 내용물을 부어요.

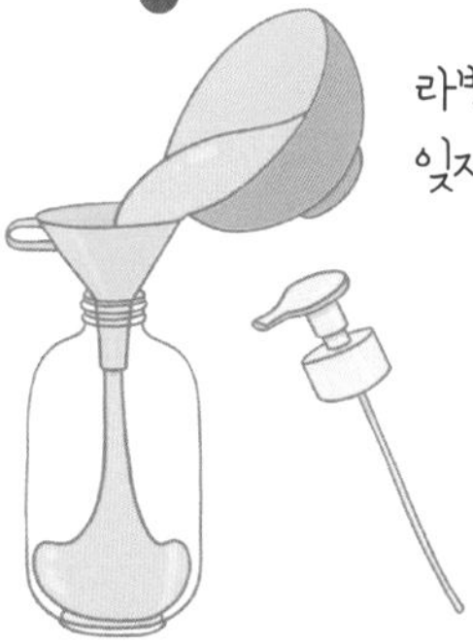

라벨 붙이는 걸 잊지 말자!

액체비누
재료: 마르세유 비누, 물, 글리세린, 식물성 오일, 라벤더 에센셜오일

Tip!
상온에서 넉 달 동안 보관할 수 있다.

Mission nº 29

액체 대신
고체 미용용품 사용하기

> **50%.**
> 욕실용품 포장지를 분리수거하는 프랑스인의 비율이에요.

분리수거장에서 가장 눈에 띄는 커다란 플라스틱 쓰레기는 바로 음료수 병이고 그다음은 화장품 병일 거예요. 욕실용품 플라스틱 쓰레기도 어마어마하게 많은데, 이런 플라스틱은 환경을 오염시키는 데다 안타깝게도 재활용이 안 돼요. 패키지로 엮여 있어 아주 매력적인 샴푸와 샤워 젤 세트를 사지 않기란 정말 불가능하죠. 하지만 플라스틱 쓰레기를 덜 배출하면서 씻을 수 있는 해결책이 있어요. 바로 고체 화장품이에요. 고체 화장품의 경우, 포장 쓰레기가 없거나 거의 나오지 않아요. 성분도 훨씬 친환경적이고 제작할 때 물을 거의 사용하지 않고 보존제도 넣지 않아요. 고체 제품은 대체로 환경 문제에 관심 있는 브랜드에서 만들어요. 유기농 매장이나 벌크 매장에서 찾을 수 있을 거예요.

셀프 테스트!

프랑스에서 샴푸가 하루에 몇 개나 팔릴까요?

A. 10,000개
B. 190,000개
C. 476,000개

답 C. 프랑스에서는 1초에 5개의 샴푸가 팔려요. 즉, 하루에 476,000개란 얘기죠.

직접 해봐요!

욕실에서 여러분이 가장 많이 사용하는 제품 네 개 중
고체 용품으로 쉽게 바꿀 수 있는 걸 소개할게요.

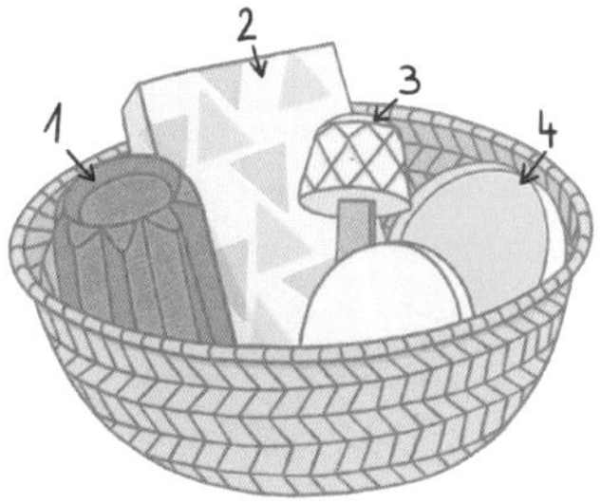

1 샴푸

고체 샴푸는 오일, 클레이, 식물성 가루, 에센셜오일 등 대부분 천연 재료로 이루어진 세정제예요. 머리칼을 적신 뒤 고체 샴푸를 비벼 거품을 낸 다음 마사지해주고 헹구기만 하면 돼요. 간단하죠?

2 비누 바

우리 할머니들이 사용하던 비누 바의 유행이 다시 돌아왔네요. 사용한 다음에는 쓰레기도 없어요. 비누는 식물성 오일과 탄산나트륨으로 만들어지고 모든 타입의 피부에 잘 맞아요.

3 치약

치약은 클레이 또는 입자가 고운 가루, 에센셜오일 또는 아로마와 같은 천연 재료로 만들어요. 사용법은 칫솔을 물에 적신 뒤 고체 치약에 문지르기만 하면 돼요.

4 데오도란트 밤

고체 데오도란트는 보통 시어버터, 코코넛오일, 베이킹소다, 클레이로 이루어져 있어요. 꾸덕한 질감의 크림 형태죠. 작은 콩만큼 덜어서 겨드랑이에 바르고 마사지해주면 돼요. 보통은 유리나 스테인리스 통에 보관해요.

Mission nº 30

나만의 립밤 만들기

홈메이드 화장품 중 립밤은 만들기 가장 쉬운 제품 중 하나예요. 천만다행이죠. 일부 연구에 따르면 매장에서 판매하는 립밤에는 의심스러운 재료가 많이 포함되어 있다고 해요. 알레르기를 일으키는 성분, 초미세 입자 등. 하지만 나만의 립밤을 만들면 내 몸에 바르는 제품의 성분이 무엇인지 정확히 알 수 있어요. 그리고 제품을 직접 만드니까 석유에서 추출한 파라핀을 넣지 않아도 되죠. 납작한 용기나 스틱에 담아 사용하는 건 같은데 질감이 달라요. 게다가 작은 유리 용기에 보관할 수도 있어요. 플라스틱과 안녕이죠! 실제로 플라스틱으로 만든 용기는 너무 작고 너무 더러워서 재활용하기가 어려워요. 나만의 홈메이드 립밤은 겨울철 손상된 입술에 사용해도 되고 건조한 피부에 살짝 발라도 좋아요.

꿀 한 방울. 겨울에 손상된 입술을 회복시키기 위해 필요한 가지 방법. 작은 콩알만큼 덜어서 먹지 말고 바르세요!

셀프 테스트!

립밤을 만들기 위해 필요한 것은?

A. 올리브오일
B. 코코넛오일
C. 페유

답 A와 B. 올리브오일은 영양이 풍부하고 보습효과 또한 뛰어나 아주 부드러운 질감의 립밤이 완성될 거예요. 코코넛오일로 만든 립밤은 녹는 듯한 질감을 갖게 돼요. 하지만 코코넛오일만 넣으면 제품이 굳을 수 있으니 액체 오일과 함께 사용하는 것을 권장해요!

직접 해봐요!

나만의 립밤 만드는 방법이에요.

재료

- 밀랍 2g(깎아서 가득 채운 1작은술)
- 올리브오일 20g(2큰술)
- 냄비
- 깊고 커다란 용기
- 깔때기
- 유리 용기(20ml)
- 70° 알코올과 깨끗한 헝겊

15분

1 70도 알코올로 도구를 소독하고 깨끗한 헝겊으로 닦아요.

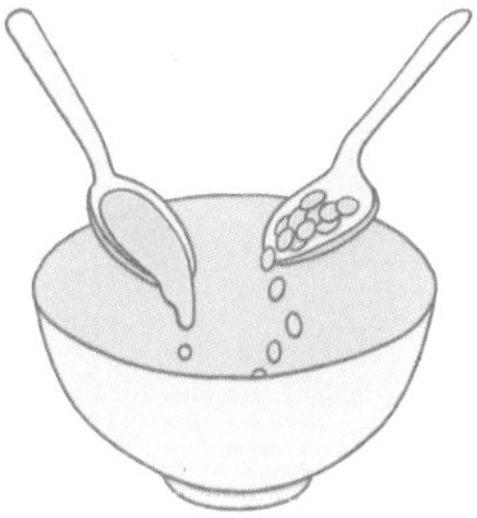

2 깊고 커다란 용기에 밀랍과 올리브유를 넣어요.

3 물이 끓고 있는 냄비에 넣어 중탕해요. 몇 분 뒤 반죽이 액체화되면 밀랍이 녹을 거예요. 딱딱한 질감을 원하면 용기에 바로 붓고, 크림 같은 질감을 원하면 반죽이 꾸덕꾸덕해질 때까지 저어요.

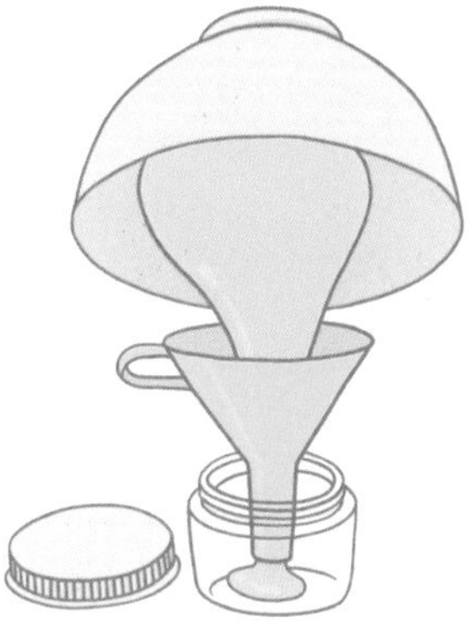

4 깔때기를 이용해 보관할 용기에 부어요.

Mission nº 31

미용용품
벌크 단위로 사기

앞에서 산업용 샴푸, 샤워 젤 그리고 기타 제품들을 사지 않고도 생활할 수 있다는 걸 배웠어요. 혹시 직접 만들어 쓰고 싶다는 생각이 들지 않았나요? 또 다른 방법으로도 욕실에 널려 있는 통들을 줄일 수 있어요. 바로 벌크 단위로 사는 거예요. 다시 말해 제품을 포장 없이 사는 거죠. 최근 기후 변화 문제를 해결하기 위해 제품을 벌크로 구매하는 방법이 점점 늘고 있어요. 대형 마트, 유기농 매장, 아니면 특별 브랜드를 통해서요. 2018년 기준, 프랑스인 두 명 중 한 명이 벌크로 물건을 산다고 해요.

2014년.
벌크형 판매가 처음으로 매장에 등장한 해예요. 지금은 유기농 매장의 80%에서 벌크 판매를 하고 있어요.

셀프 테스트!

벌크로 구매하면 부모님께선 얼마나 절약할 수 있을까요?

- **A.** 1~5%
- **B.** 6~20%
- **C.** 21~50%

답 C. 어떤 제품을 구매하느냐에 따라 다르지만 평균적으로 절약할 수 있는 비율은 30%예요. 정말 필요한 양만 구매하면 되니까 절약할 수 있는 금액도 크죠. 예를 들어 식용유 200ml만 필요한데, 1L짜리를 살 필요가 없는 거지요.

직접 해봐요!

100% 벌크 매장에 들어서면 많은 제품이 큰 통이나 거대한 용기에 담겨 있는 걸 볼 수 있어요. 화장품의 경우, 꽤 다양한 제품이 있어요.

샤워 젤과 샴푸

다 쓴 샴푸 통을 가져가 매장에서 채워 오세요. 그러려면 샴푸 통을 깨끗히 씻어 알코올로 소독해놔야 해요.

화장품

만약 가끔씩 화장을 하기 시작했다면, 리필이 되는 제품을 사요. 예를 들어 마스카라의 경우 용기와 포장지를 다시 구매하는 대신 잉크 카트리지만 갈아 끼우면 돼요.

크림과 보디로션

용기에 이미 보증금이 붙어 있을 수도 있어요. 무슨 말이냐면, 사용 후 다시 반납해야 한다는 얘기예요. 또한 흔한 경우는 아니지만, 직접 만든 용기를 가져가서 채워와도 돼요.

Mission n° 32

자연적인 방법으로 머릿니 없애기

머릿니를 없애려면 고생이 이만저만 아니죠! 머릿니는 머리카락끼리 접촉하면 머리에서 머리로 옮겨가요. 머리, 그리고 특히 귀 뒤와 목덜미가 가려워요. 약국에서는 10여 개의 머릿니 약을 팔지만 늘 기대만큼 성공하지는 못하죠. 몇 년 전까지만 해도 일부 머릿니 약은 살충제를 기반으로 만들었어요. 당연히 몸에 나빴죠. 하지만 간단하고 경제적이며 효과적으로 머릿니를 박멸할 방법이 있어요. 플라스틱 병도 필요 없고 머리에 독성 물질을 바르지 않아도 돼요. 여러분의 무기는 사과식초와 코코넛오일이에요(효과적인 퇴치제죠).

2~4mm.
머릿니의 크기예요.
이 검회색 벌레는 시침핀 머리만큼 작고 전염되지만 신체적 위생과는 아무런 관련이 없어요.

셀프 테스트!

머릿니는 살아 있는 동안 몇 개의 알을 낳을까요?

A. 5개
B. 150개
C. 450개

답 B. 머릿니의 수명은 35일이고, 일생 동안 적어도 150개의 알을 낳아요. 그러니 머리가 금세 머릿니투성이가 되어버리는 거죠! 부모님께 두피를 잘 살펴봐달라고 하세요. 그래야 치료할 일이 생기지 않죠.

직접 해봐요!

머릿니도 개학했나요? 이 작은 기생충을 박멸할 효과적이고 자연적인 방법을 알려줄게요!

예방: 반 친구에게 머릿니가 생긴 경우

- 사과식초 70%에 물 30%로 로션을 만들어요
- 샴푸가 끝날 때마다 앞서 만든 로션을 뿌려요. 한동안 그대로 뒀다가 헹궈요. 걱정 마세요, 식초 냄새는 금세 날아가요.
- 이렇게 하면 머릿니가 두피에 자리 잡지 못할 거예요. 게다가 이 로션은 여러분의 머리카락을 더욱 윤기 나게 해줘요.
- 모자, 목도리, 소파, 자동차 내부에 스프레이로 뿌려도 돼요.

치료: 머릿니가 이미 생긴 경우

- 아이, 간지러워! 잠자기 전에 코코넛오일을 두피에 바르고 더러워져도 상관없는 큰 타월로 샤워 후에 하는 것처럼 머리를 감싸요.
- 밤새 그 상태로 둬요.
- 그다음 날 샴푸하기 전에 참빗으로 머리카락을 빗어요
- 이렇게 10일 정도 하면 머릿니 알을 박멸할 수 있어요.

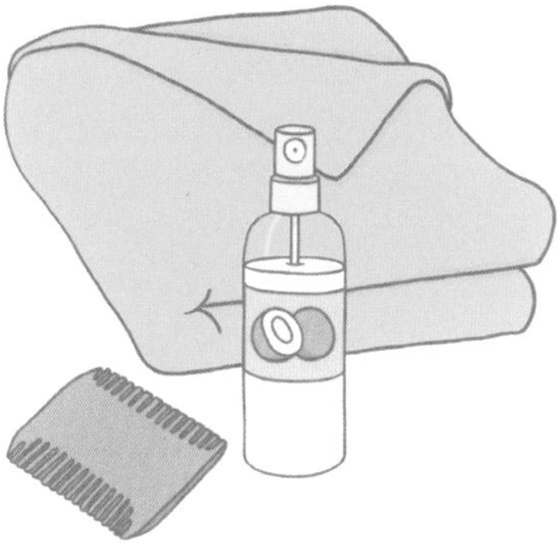

Mission nº 33

일회용품 사용하지 않기

여러분 욕실에는 분리수거 통이 있나요? 대부분은 없다고 대답할 거예요. 자잘한 쓰레기들, 여러 쓰레기통을 놓기에 비좁은 공간 등의 이유로요. 하지만 욕실용 쓰레기통을 들여다보면 화장솜, 물티슈, 티슈, 그리고 부모님이 쓰시는 일회용 면도기나 플라스틱 화장품 용기도 있겠죠. 이 제품들은 대체로 플라스틱 필름으로 포장되어 있고, 쓰다 보면 눈 깜짝할 사이 쓰레기통이 꽉 차버려요. 다른 방법이 없을까요?

300~500회.
빨아 쓰는 화장솜을 재사용할 수 있는 횟수예요. 일회용 화장솜은 한 번 쓰고 버려야 하지만요.

셀프 테스트!

미국 호텔에서는 매일 비누를 새것으로 갈아줘요. 그렇다면 매일 몇 개의 비누가 버려질까요?

A. 120,000개
B. 1,000,000개
C. 26,000,000개

답 C. 매초 301개, 매년 90억 개의 비누가 버려져요. 씻을 게 없는 사람들을 생각하면 얼마나 큰 낭비인지! 다행히 인도적인 목적으로 비누를 재활용하는 프로젝트가 있어요.

직접 해봐요!

부모님의 도움을 받아, 욕실 쓰레기 분리수거부터 시작해봐요. 어떤 게 일회용품인지, 오래 쓸 수 있는 대체품은 뭐가 있는지 찾아봐요!

- 면봉은 귀이개로 대체할 수 있어요. 친환경적일 뿐 아니라 귀를 보호해줘요.
- 물티슈는 빨아 쓰는 물수건으로 대체해요.
- 종이 티슈는 천으로 된 손수건으로 바꿔봐요.
- 일회용 면도기는 좀 더 튼튼한 것으로 대체해요(스테인리스 등 평생 쓸 수 있는 것으로요).
- 플라스틱이나 하드보드지로 되어 있는 네일 파일의 경우 스테인리스로 만든 오래 쓸 수 있는 것으로 교체해요.

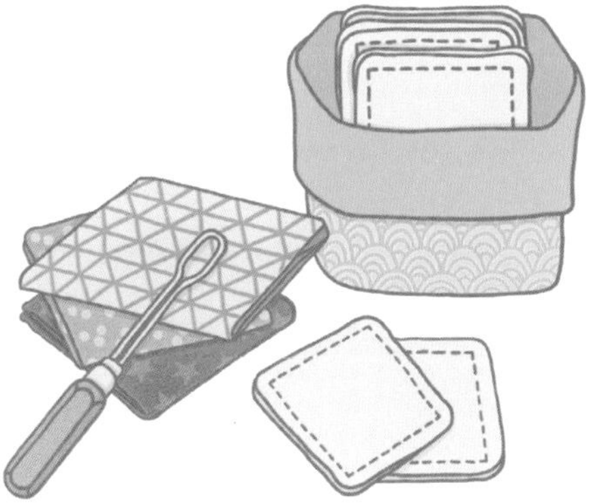

쓰레기통, 두 가지 해결책

- 플라스틱, 종이, 기타 재활용 불가능한 쓰레기를 분류하기 위한 여러 개의 통을 준비해요. 너도밤나무로 만든 칫솔이나 칫솔모와 같이 일부 제품은 퇴비로 만들 수도 있어요.
- 부모님께 욕실에서 쓰레기통을 빼자고 말씀드려요. 그렇게 하면 가족 모두가 분리수거를 더 잘하게 되고, 어떤 걸 버리는지 더 잘 파악하게 될 거예요.

Mission n° 34

옷에서 플라스틱 몰아내기

플라스틱은 우리가 입는 옷에도 포함돼 있어요. 바로 미세섬유죠. 미세섬유는 천이 더 반짝이게 해주고, 더 부드럽고 착용감을 좋게 만들어줘요. 미세섬유는 스포츠 의류처럼 땀 흡수를 도와줘요. 전 세계에서 만들어진 옷의 절반이 석유에서 파생된 이 미세섬유를 사용한다는 사실을 알고 있나요?

30%.
세탁할 때 물에 풀어져, 합성섬유에서 바다로 흘러들어가는 미세 플라스틱 분자의 비율이에요.

옷을 세탁하면서 이 미세섬유가 미세분자로 떨어져나와 폐수와 함께 흘러가요. 이렇게 해서 미세섬유는 하수처리장의 거름망을 통과해 바다에 도착하지요. 그러면 물고기가 미세 플라스틱을 먹고 우리는 그 물고기를 먹음으로써 같이 미세 플라스틱을 먹게 돼요.

셀프 테스트!

세탁기로 옷을 빨 때 물에 미세 플라스틱을 가장 많이 배출하는 플라스틱 소재는 무엇일까요?

A. 아크릴
B. 폴리에스테르
C. 면-폴리에스테르 혼방

답 A. 아크릴은 옷을 세탁할 때마다 약 73만 개의 미세 플라스틱을 배출하는데, 이는 폴리에스테르의 5배에 해당하는 양이에요(두 플라스틱 소재 다 석유가공 제품이에요).

직접 해봐요!

옷에서 플라스틱을 몰아내고 더욱 현명하게 소비할 수 있는 몇 가지 팁을 알아봐요.

1 **옷장으로 가서 옷의 라벨을 하나하나 파헤쳐봐요.**
합성섬유에는 폴리에스테르, 나일론, 아크릴, 폴리아미드, 스판덱스, 라이크라와 같은 이름이 붙어 있어요. 이 옷들을 세탁하기 전에 정말 더러운지 확인해봐요. 세탁하면 할수록 폐수에 미세 플라스틱이 함께 배출될 테니까요.

2 솜, 아마, 리넨과 같은 **천연섬유로 만든 옷을 입어요.**

3 **'과소비'를 멀리해요.**
옷장에 이렇게 많은 옷이 정말로 필요한가요? 옷을 적게 사면 그만큼 플라스틱 발자국을 줄일 수 있어요.

4 더 이상 입지 않는 합성섬유 옷은 **재활용 박스에 넣어요.**

Mission no. 35

친환경적으로 옷 사기

패션 산업이 세계에서 가장 환경을 파괴하는 산업 중 하나라는 걸 알고 있나요? 옷을 만드는 사람도 옷을 입는 사람도 환경을 파괴하고 있어요. 20여 년 전부터 패션 산업은 소비자가 시시때때로 옷을 바꾸도록 종용하며 성장해왔어요. 의류 판매는 두 배로 늘었고, 저렴한 옷만 파는 가게가 생기면서 가격도 줄고 품질도 떨어졌어요. 세탁 두 번 만에 옷을 거의 버려야 할 정도로요! 이런 현상을 '패스트 패션'이라고 불러요. 생산 비용을 줄이기 위해 기업들은 대부분 솜 대신 석유에서 파생된 합성섬유인 폴리에스테르를 사용해요.

낮은 온도에서 세탁하면 에너지 소비를 줄일 수 있고 옷도 상하지 않아요.

셀프 테스트!

플라스틱이 들어 있는 것은?

A. 소금
B. 채소
C. 양말

답 A, B, C. 네, 그래요. 플라스틱은 어디에나 있어요! 바다는 쓰레기 때문에 미세 플라스틱으로 가득하고, 채소는 빗물에 녹아 있던 초미세 플라스틱이 스며드는 데다 플라스틱으로 포장되어 있어요. 마지막으로, 양말은 대부분 합성섬유로 짜지요.

직접 해봐요!

이번 미션을 통해 자신만의 스타일을 가지면서 과소비에 주의하는 것이 불가능하지 않다는 걸 알게 될 거예요. 오히려 그 반대니까요!

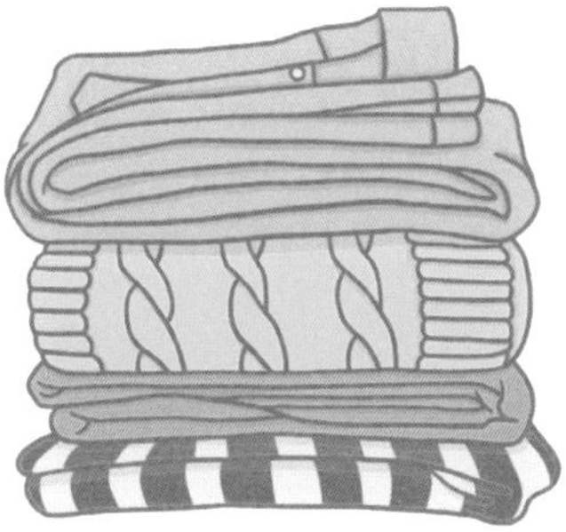

- 에코서트 텍스타일(Ecocert Textile), 비오르(Biore), 오코텍스(Oeko-Tex), 오가닉 텍스타일 스탠더드(Organic Textile Standard)와 같은 친환경 인증을 받은 라벨의 옷을 골라요. 이 라벨이 붙은 섬유는 환경을 덜 오염시켜요.
- 인터넷 사이트, 중고 매장, 심지어 노점에서 중고 제품을 사요. 아주 매력적인 가격에 브랜드 제품이나 고품질 제품을 '득템'할 수도 있어요. 또한 더 이상 입지 않는 옷을 팔아도 되고요.
- 친구들과 함께 '물물교환 파티'를 열어 옷을 교환해요. 각자 안 입는 옷을 가져와 다른 친구들에게 소개하고 친근한 분위기에서 옷을 교환해요.
- 가능하다면 옷을 수선하고 리스타일링해서 오래오래 입어요.

'비주(BISOU)' 운동

새로운 옷을 사기 전에 마리 뒤부앵르페브르(Marie Duboin-Lefèvre)와 에르블린 베르데캉(Herveline Verdeken)이 만든 운동을 되새겨봐요.

BESOIN 필요: 새로운 옷이 정말로 '필요'한가?

IMMÉDIAT 당장: '당장' 필요한가?

SEMBLABLE 비슷한: '비슷한' 옷이 있는가?

ORIGINE 원산지: 제품의 '원산지'가 어디인가? 제품에 플라스틱이 들어 있는가?

UTILE 유용한: 이 새 옷이 일상에서 '유용하게' 쓰일까?

Mission nº 36

나만의 세제 만들기

세제는 가정경제에 꽤 큰 영향을 미쳐요. 지구에도 마찬가지고요. 일회용 플라스틱 병, 첨가 향, 자연에서 생분해되지 않는 물질, 알레르기를 유발하는 물질……. 게다가 누구나 옷을 입고 생활하기 때문에 세제는 평상시 우리와 가장 많이 접촉하는 가정용품이에요. 웹사이트 플라네토스코프(Planetoscope)에 따르면 유럽에서는 세탁기가 1초에 1,130회 돌고 있대요. 즉 하루에 9,800만 회 돌아간다는 얘기죠. 이때 사용되는 세제의 양을 떠올려본다면? 이 어마어마한 낭비를 줄이기 위해 부모님과 함께 홈메이드 세제를 한번 만들어보세요. 친환경적이고 경제적이며 실용적이기까지 해요!

섬유 유연제 대신 백식초를 사용해봐요. 효과가 아주 좋아요.

셀프 테스트!

세탁기에 더 많은 세제를 넣으면 세탁이 더 잘돼요.

진실일까요? 거짓일까요?

답 **거짓이에요.** 세제를 더 많이 사용하면 세탁기가 거품이 아직 많다는 걸 인식하고 헹구는 시간을 늘려요. 즉 더 많은 에너지가 사용되죠.

직접 해봐요!

세제의 영향을 줄이기 위해 가족끼리
천연 재료로 세제를 만들어봐요.
바로 담쟁이로요!

재료

- 담쟁이 잎 50장 (장갑을 끼고 딸 것)
- 가위
- 냄비
- 물 1.5L
- 깔때기
- 커피 필터
- 유리병

15분 + 12시간 휴지

1 가위로 담쟁이 잎을 조각조각 잘라요.

2 냄비에 넣고 잠길 때까지 물을 붓고 끓여요. 물이 끓으면 뚜껑을 덮고 10분 동안 더 끓여요. 그런 다음 약 12시간 동안 식혀요.

3 깔때기와 커피 필터로 끓인 물을 걸러내요. 그런 다음 유리병에 담으면 나만의 담쟁이 세제가 완성돼요. 담쟁이 세제에는 천연 비누 분자라고 할 수 있는 사포닌이 풍부해요.

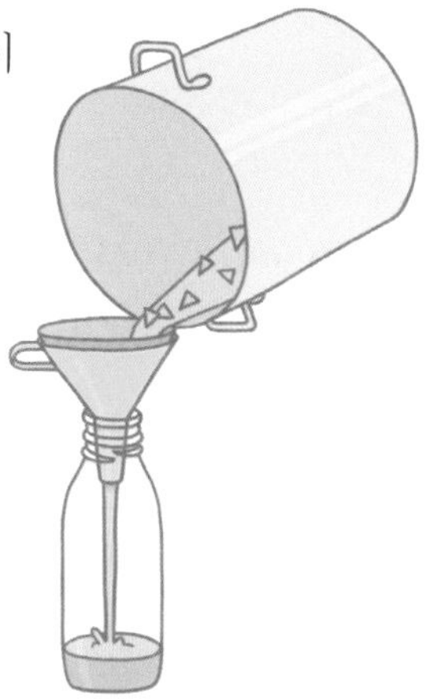

Tip!

이 세제는 10여 일 동안 보관이 가능해요. 세탁할 때마다 150ml씩 넣어주면 돼요.

Mission nº 37

친환경 소풍

계획하기

소풍 가서 쓰레기를 그대로 버리고 오는 경우가 많죠. 여러 가지 이유가 있지만 다 핑계예요. 보이는 데 쓰레기통이 없다느니, 쓰레기가 너무 무거워 다시 봉투에 담아가기 어렵다느니, 쓰레기봉투가 날아갔는데 아무도 알아차리지 못했다느니……. 그런데 이런 쓰레기들은 우리 환경에 정말 커다란 영향을 미쳐요. 접시, 플라스틱 포장지나 컵, 그 누구도 자연환경에서 이런 쓰레기를 보고 싶지 않을 거예요. 게다가 결국에는 토양과 물을 오염시키죠.

이제 쓰레기 없는 소풍 갈 준비가 되었나요?

유리는 무한대로 재활용이 가능한 소재예요. 보증금을 매겨 다시 수거해서 쓸 수도 있고 유리 제조 공장에서 녹여 새로운 용기로 만들 수도 있죠.

셀프 테스트!

플라스틱 병이 자연에서 분해되려면 시간이 얼마나 필요할까요?

A. 10년
B. 30년
C. 100년에서 1000년.

답 C. 적어도 100년은 걸린다지만, 우리가 플라스틱을 알게 된 지 얼마 되지 않아서 플라스틱의 생분해 기간이 얼마 정도인지 정확히 알지는 못해요.

직접 해봐요!

플라스틱 제로 소풍을 계획할 때 다음 아이디어들을 활용해봐요!

식기

집에 있는 식기(스테인리스 커틀러리, 작은 접시)를 이용해요. 천으로 된 냅킨을 가져가면 사용한 식기를 싸올 수 있어요.

과일과 채소

가공되지 않은 과일이나 채소를 벌크로 구매해 가져가요. 미리 잘라 유리병에 담아서 가져가도 좋아요.

칩

나만의 칩을 만들어봐요!
감자를 얇게 썰고 향신료와 소금을 뿌린 다음 올리브유를 아주 조금 뿌려서 15분 동안 오븐에 구워요. 다양한 구성을 위해 호박, 가지, 무로도 만들어보세요. 그런 다음 천으로 만든 가방에 넣어 가져가요.

샌드위치

더 이상 입지 않는 셔츠 소매 부분으로 (미션 43) 친환경적이고 오래 쓸 수 있는 샌드위치 가방을 만들어봐요.

치즈

유리병에 네모나게 자른 치즈를 넣어 가지고 가서 함께 나눠 먹어요.

음료

텀블러에 좋아하는 음료수나 물을 넣어 가요.

Tip!

플라스틱 봉투 대신
쇼핑카트를 이용해보세요!
그 안에 장난감이나 잔디밭
위에 깔 돗자리를 넣어 가요.

비스킷

과자나 작은 비스킷(마들렌, 쿠키 등)을 만들어 간식 통에 넣어 가져가요.

Mission nº 38

플라스틱 장난감

사지 않기

장난감은 플라스틱 덩어리예요. 먼저 포장부터 그렇죠! 보드게임 상자를 한번 보세요. 카드는 대부분 플라스틱 필름으로 포장되어 있고 보드게임 상자 자체도 플라스틱 포장인 경우가 많죠. 간단한 보드게임에 무슨 플라스틱 포장이 그리 많은지! 그리고 게임 자체를 잘 살펴보세요. 말, 주사위……. 모든 게 플라스틱이에요. 게다가 이런 장난감들은 여러 재료가 섞여 있거나 크기가 너무 작아 분리수거도 거의 되지 않는다는 사실을 알고 있나요? 대부분의 장난감은 쓰레기 매립지에 매장되거나 소각로에서 태워진답니다.

8개월.
장난감 열 개 중 일곱 개는 구매 후 8개월 이상 사용되지 않아요.

셀프 테스트!

프랑스에서 매년 얼마나 많은 장난감이 버려질까요?

- A. 100만 개
- B. 4,000만 개
- C. 7,000만 개

답 B.

직접 해봐요!

플라스틱 무더기가 나오지 않는 장난감을
고르기 위한 몇 가지 쉬운 해결책이 있어요!

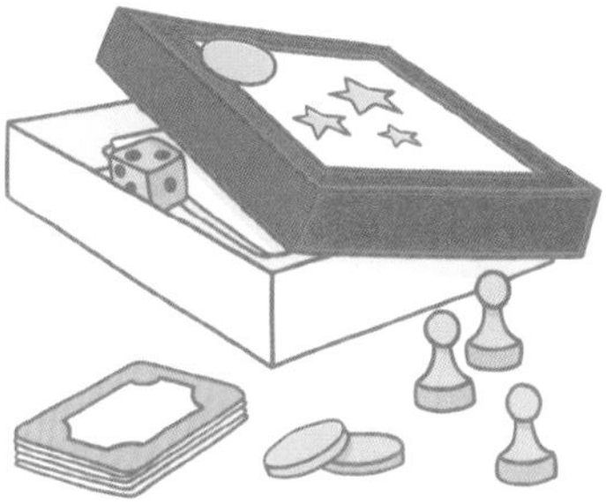

- 전자부품이 없고 지나치게 포장되지 않은 단순한 장난감을 골라요.
- 충동적인 구매는 플라스틱 쓰레기를 엄청 늘어나게 하는 주범이에요. 예를 들어 여름에 한 번만 쓰고 말 저품질의 플라스틱 풀장처럼요.
- 천연 재료나 건강에 해롭지 않은 재료를 선택해요. 스테인리스, 나무, 하드보드지, 유리는 재활용하기가 훨씬 쉬워요.
- 장난감 중 한 개가 망가졌나요? 토이레스큐(Toy Rescue)(www.dagoma3d.com) 사이트를 살펴보세요. 해당 사이트에는 툭 치면 부서질 장난감 부품의 목록이 나열되어 있어요. 파일을 다운로드한 다음 찾는 부품을 3D 인쇄기와 다른 기기들을 빌려주는 팹랩(fablab)에서 3D로 인쇄해봐요.

Tip!

장난감을 더 이상 갖고 놀지 않는다면 여러 가지 방법이 있어요. 장난감을 다시 가게나 장난감 대여소에 가져가도 되고, 자선단체에 들고 가면 장난감 재활용을 도와줄 거예요.

Mission n° 39

장난감을 빌리거나 교환하거나 선물하기

여러분의 방은 아마 상태가 좋은 물건과 장난감으로 가득하겠죠……. 아닐 수도 있고요! 그 물건들은 대체로 생일이나 크리스마스 때 다른 물건으로 교체되겠죠. 하지만 장난감에 대한 여러분의 관심은 며칠 또는 몇 주면 끝나지 않던가요? 질리지 않고 매일 한 가지 장난감만 가지고 노나요? 플라스틱 장난감을 만드는 데 석유나 다른 희귀한 자원을 사용한다는 사실을 알고 있나요?

프랑스인들은 장난감 구입 비용으로 1년에 거의 240유로(약 33만 원)를 지출하는데, 그 중 절반을 크리스마스 때 써요. 엄청난 금액이죠! 조금만 노력하면, 우리의 나이 든 지구를 오염시키지 않고도 새로운 장난감을 얻을 수많은 방법을 찾을 수 있어요.

6개. 프랑스에서 크리스마스에 아이 한 명이 평균적으로 받는 선물 개수예요.

셀프 테스트!

피셔프라이스는 장난감을 만드는 데 처음으로 플라스틱을 사용한 회사 중 한 곳이에요. 언제부터인지 아나요?

A. 1910년
B. 1948년
C. 1975년

답 B. 제2차 세계 대전 이후 나무가 부족해지자 장난감 회사인 피셔프라이스는 대체재를 찾기 시작했어요. 그러다 플라스틱이라는 해결책을 찾아냈죠.

직접 해봐요!

지구에 나쁜 영향을 주지 않고도 장난감을 구할 수 있는
재미난 팁들이 있어요. 직접 해보기 쉬운 방법을 기억해두세요.

- 장난감 대여소에 등록하세요. 새로운 장난감이 너무 많아 다 보려면 한나절은 걸릴걸요. 몇 주 동안 대여해갈 수도 있어요.
- '물물교환 파티'를 기획해봐요. 방을 정리하면서 멀쩡하지만 더 이상 갖고 놀지 않는 장난감을 한쪽에 따로 챙겨두세요. 친구를 몇 명 초대해 장난감을 교환해요. 이른 크리스마스인 셈이죠!
- 부모님이나 친구들에게 생일 또는 크리스마스 선물로 중고 장난감을 선물해달라고 말해보세요. 다양한 인터넷 사이트도 둘러봐요. 물건에 두 번째 삶을 부여해주는 재활용품 수거 판매점과 같은 가게들도 있어요.
- 축제나 특별한 날, 사람들이나 협회에서 오래된 장난감을 빌릴 수도 있어요.
- 사회적 기업이나 기부 전용 인터넷 사이트를 찾아 다른 사람에게 장난감을 선물하세요. 친척 동생이나 이웃사촌도 잊지 말고요.

Tip!

다양한 활동을 통해 플라스틱 소비를 줄일 뿐만 아니라 공유 경제에 이바지할 수도 있어요!

Mission nº 40

집에 있는 장난감 고치기

태블릿이 더 이상 작동하지 않고 침대맡 스탠드 불빛이 깜빡깜빡하나요? 그렇더라도 절대 쓰레기통에 버리지 마세요! 수리하려고 노력해봐요. 물건을 계속 사용할 수도 있고, 어떻게 고치면 되는지도 알게 되며, 또 스스로 자랑스러울 거예요. 혼자 수리하기엔 너무 복잡할 것 같나요? 실제로 물건 고치는 일은 능력도 필요하지만 특수한 도구도 필요해요. 하지만 해결책이 있어요. 바로 리페어 카페죠! 리페어 카페란 자원봉사 차원에서 물건을 고치는 사람들이 모인 집단으로, 시간과 능력을 제공하고 도구도 빌려주기 때문에 고장 난 물건을 고칠 수 있어요. 어른과 함께 가 보세요. 분위기가 굉장히 화기애애해요. 간식과 음료수도 준비되어 있어요. 좋은 추억을 만드는 시간도 되지만 지식을 향상시킬 기회도 되죠!

35만 kg.
2018년 리페어 카페 덕분에 쓰레기가 되지 않은 물건의 무게예요. 즉, 코끼리 58마리에 해당하는 무게죠.

셀프 테스트!

첫 리페어 카페가 생긴 것은 언제일까요?

A. 1985년
B. 2000년
C. 2009년

답 C. 리페어 카페는 마틴 포스트마가 네덜란드 암스테르담에 처음으로 만들었어요. 그로부터 10년이 넘은 지금까지 그녀의 의지는 국경을 넘어 유럽, 미국, 일본으로 전해지고 있어요.

직접 해봐요!

10분에서 2시간

리페어 카페가 어떻게 운영되는지 알고 싶나요?
매뉴얼은 다음과 같아요!

- 부모님과 함께 집에서 가장 가까운 리페어 카페를 찾아봐요.
- 가지고 있는 수리도구와 고치고 싶은 물건을 챙겨가요. 자전거, 장난감, 전자기기 등 무엇이든 괜찮아요.
- 자원봉사자가 고장 난 곳이나 망가진 곳을 평가해줄 거예요. 그런 다음 볼트를 풀고 물건을 낱낱이 해부해 수리할 수 있는지 없는지 볼 거예요. 대부분의 경우 자원봉사자가 수리하는 걸 도와주면서 여러분에게 고장 원인을 설명해주고 팁을 공유해줄 거예요. 새로운 것을 배울 좋은 기회죠! 끊어진 전선 하나 때문에 램프가 더 이상 작동하지 않는다는 걸 확인할 수도 있어요. 재미있지 않나요?
- 물건이 수리되면 리페어 카페가 오래오래 존속할 수 있도록 자유롭게 금액을 지불하면 돼요.

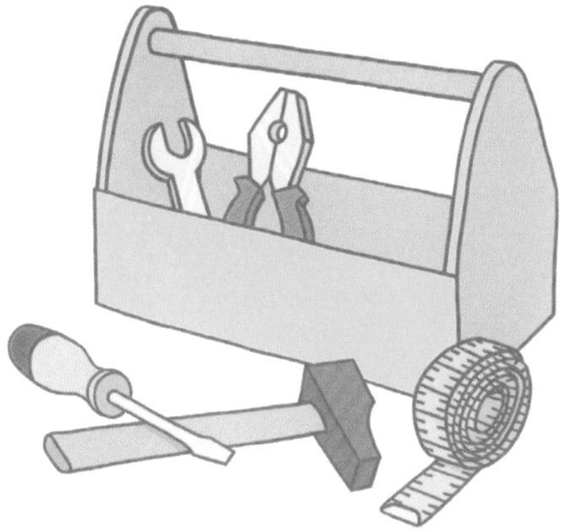

Mission nº 41

천연 물감 사용하기

34%. 전 세계 쓰레기 중 선진국에서 배출한 쓰레기 비율이에요. 반면, 선진국 인구는 그 절반인 16%밖에 안 된답니다.

공장에서 생산된 물감에는 고착제, 염료, 색을 유지시켜주는 성분 등이 포함되어 있어요. 그런데 이 첨가물들이 꼭 천연 재료는 아니죠. 물감 통과 물감 튜브의 과대포장은 두말하면 입 아프고요! 옛날에는 물감 대신 천연 염료를 사용했어요. 천연 염료는 또 다른 말로 식물성 물감이라고 해요. 하얀 식물을 제외한 모든 식물은 색소를 가지고 있어요. 그리고 일부 식물은 자연 염색 속성도 있어 천을 염색할 수도 있죠. 식물성 물감은 수채화처럼 부드러운 색을 내요. 직접 나만의 색을 만들어보면 어떨까요? 알록달록한 색으로 나만의 팔레트를 가득 채워봐요!

셀프 테스트!

물감에 독성 성분이 있는지 어떻게 알 수 있을까요?

A. 라벨을 꼼꼼히 읽어 성분을 확인해요.

B. 냄새가 강할수록 오염물질이 더 많이 나와요.

C. 유럽 에코 라벨과 같은 친환경 브랜드 제품을 믿고 써요.

답 B와 C. 사실 물감 제조업체는 물감에 들어간 모든 성분을 밝힐 의무가 없어요. 그러니 의심해야죠! 그런데 오염물질이 포함된 물감에서는 독한 냄새가 나기 마련이에요. 환경오염의 주범인 휘발성 유기화합물(VOC)이 들어 있으니까요. 그러니 페인트를 칠한 지 얼마 안 됐다면 잘 환기해줘야 해요.

직접 해봐요!

15분

나만의 물감을 만들어보고 싶은가요? 아래 내용을 따라 해봐요! 플라스틱도, 오염물질도 없는 멋진 작품을 완성해보면 어떨까요?

재료

- 식물 두 주먹
- 냄비
- 물 한 컵
- 체
- 다양한 물감을 담아둘 유리 용기

1 냄비에 물을 넣고 끓기 시작하면 식물을 넣어요.

2 10분 동안 끓여요.

3 체로 물과 식물을 분리하고 유리병에 색이 든 물을 담아요.

식물로 어떤 색을 만들 수 있을까요?

- **노란색, 주황색:** 양파 껍질, 금잔화, 강황, 당근 줄기
- **분홍색:** 히비스커스, 비트 즙
- **빨간색:** 붉은 과일, 파프리카, 적양파 껍질
- **초록색:** 양치류 식물 잎, 쐐기풀, 시금치, 타임
- **보라색:** 적양배추
- **파란색:** 라벤더, 블랙커런트, 오디

Tip!

레몬 즙과 베이킹소다를 약간 넣으면 색을 조절할 수 있어요. 직접 테스트해봐요! 소금을 넣으면 그림에 작고 예쁜 반점이 나타날 거예요.

보관

서늘한 곳에서 이틀 동안 보관할 수 있어요. 한 번에 조금씩 만들어 사용하는 게 좋아요.

Mission nº 42

천으로 핫팩 만들기

> **5조.** 전 세계 바다에 떠다니는 미세 플라스틱 수예요.

한겨울 따뜻한 이불 속에 들어가 있으면 천국이 따로 없죠! 이불 안을 데우기 위해 전기담요를 사용할 수도 있지만 전기담요는 에너지를 엄청나게 소비하는 데다 합성섬유로 만들어요. 아니면 가끔 핫팩으로 손이나 발을 데우고 목이나 어깨의 피로를 풀어줘도 좋아요. 하지만 대부분의 핫팩은 두꺼운 플라스틱으로 만든 것이기 때문에 친환경적이라고 할 수 없어요. 게다가 플라스틱은 열을 가하면 건강에 좋지 않은 물질을 내뿜죠. 합성수지에서 나온 독성 화합물이 피부에 스며들게 돼요. 그러니 플라스틱 핫팩을 멀리하고 천 핫팩을 이용하면 어떨까요?

셀프 테스트!

전 세계에서 한 사람당 평균적으로 매일 0.74kg의 쓰레기를 생산하고 있어요. 나라와 평균 쓰레기 배출량을 연결해보세요.

1 레소토(아프리카) A 4.5 kg/일
2 프랑스(유럽) B 0.11 kg/일
3 버뮤다 제도(북아메리카) C 1.40 kg/일

답 1-B, 2-C, 3-A. 생활 수준이 높은 국가일수록 국민들의 일회용품 사용량이 높아요.

직접 해봐요!

나만의 핫팩을 만들어봐요!
아래 설명에 따라 순서대로 해보세요.

재료
- 천 조각 (리넨 또는 두꺼운 면)
- 잘 드는 가위
- 시침핀
- 실과 바늘
- 쌀, 곡물(아마씨), 말린 채소, 씨앗 또는 말린 식물 (라벤더)

30분

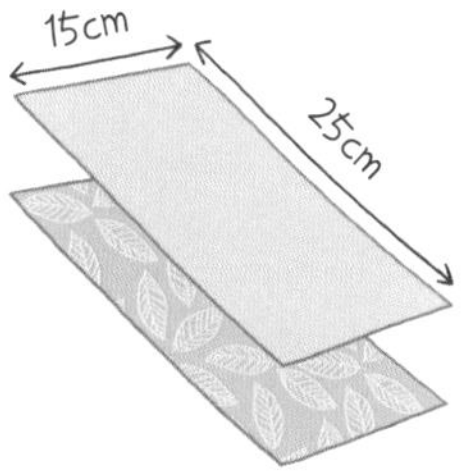

1 천을 15cm × 25cm 크기 직사각형으로 두 개 잘라요. 다른 모양으로 만들어도 좋아요.

2 천의 겉면끼리 닿게 포개놓고 시침핀으로 고정해요.

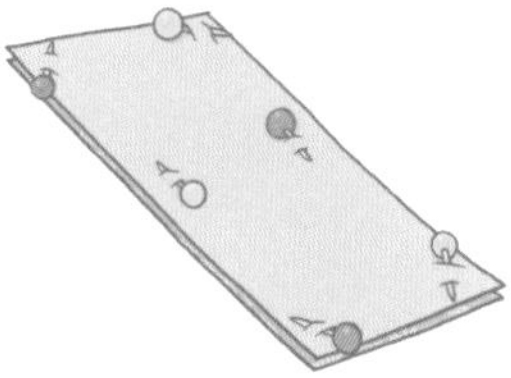

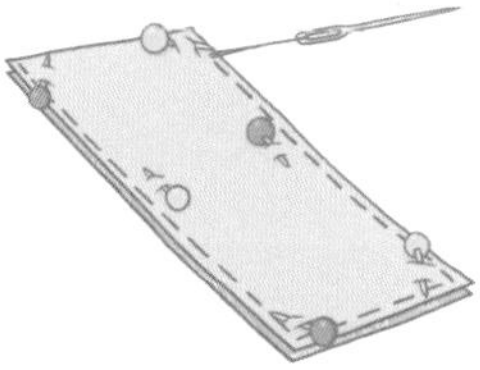

3 가장자리를 촘촘하게 바느질하되 입구 4cm는 남겨둬요. 시침핀을 빼고 천을 뒤집어 '예쁜 부분'이 겉으로 나오게 해요.

4 천 주머니에 씨앗이나 쌀을 채워요.

5 윗부분을 안쪽으로 접고 바느질을 마무리해요. 전자레인지에 30초간 데우기만 하면 돼요.

Mission n° 43

쓰레기 제로 스포츠 행사에 참여하기

이미 규칙적으로 운동을 하고 있나요? 멋지네요! 운동은 협동과 자신의 한계를 초월한다는 아름다운 가치를 일깨워주죠. 취미로 운동하는 사람이 수백만 명은 될 거예요. 축구, 달리기, 테니스 등 때때로 스포츠 행사가 열리면 사람이 많이 몰리죠. 스포츠 행사를 개최하고, 정보를 전달하고, 사람들을 맞이하려면 많은 인원이 필요해요. 또한 많은 쓰레기를 만들어내죠. 특히 플라스틱 쓰레기를요. 이번 미션을 통해 얼마나 많은 쓰레기가 생산되는지 알게 되면 쓰레기를 줄이기 위해 실천해야겠다는 마음이 생길 거예요.

골대, 라켓, 운동화 등 많은 운동용품에 플라스틱이 포함되어 있어요. 재사용, 물물교환, 기부로 플라스틱 사용을 줄여보세요.

셀프 테스트!

운동하는 동안 갈증을 해소하려면 어떤 텀블러를 사용하는 게 가장 좋을까요?

A. 스테인리스 텀블러
B. 유리 텀블러
C. 두꺼운 플라스틱으로 만든 텀블러

답 A. 스테인리스 텀블러는 불활성이에요. 다시 말해, 따뜻하게 데워졌을 때도 플라스틱 분자가 물로 이동하지 않아요. 유리 텀블러도 마찬가지지만 강도가 훨씬 약하죠.

직접 해봐요!

스포츠 행사에 참여할 때 이렇게 해봐요!

거절하기

- 플라스틱 판촉 상품은 쓸모없는 데다 수납장에 넣어놓고 잊어버리기 일쑤이거나 쓰레기통에 버려져요.
- 대회명이 새겨진 기념 티셔츠.
- 물 마실 때 제공되는 플라스틱 컵이나 물병 대신 텀블러를 챙겨가요! '파리 익스프레스 그랜드 레이스'에서는 참가자들에게 하드보드지로 만든 컵에 수돗물을 제공했어요. 덕분에 수천 개의 플라스틱 쓰레기가 만들어지지 않았죠.

재사용하기

- 스포츠 클럽에서는 운동을 하기 위해 일부 용품을 갖춰야 한다고 요구하기도 해요. 완전히 새로운 물건을 사기보다는 주변을 잘 살펴보고 다른 사람에게서 얻을 수 있는지, 중고 제품을 살 수 있는지 알아봐요.

수리하기

- 라켓 줄이 망가졌나요? 축구 골대 그물에 구멍이 생겼나요? 버리는 대신 수리할 수 있는 방법을 찾아봐요 (미션 12를 참조하세요).

Mission n° 44

친환경적으로 포장하기

특별한 날에는 선물 포장을 푸는 열기가 대단하죠! 하지만 불행하게도 여러분의 빛나는 종이와 반짝이는 예쁜 리본은 플라스틱 처리가 되어 있을 가능성이 매우 높아요. 일반 종이와 달리 재활용이 안 돼 불편하죠. 생일이나 크리스마스 때 어마어마한 양의 포장지가 쓰레기통에 버려진다는 사실을 알고 있나요? 낭비 그 자체죠. 친환경적이고 재활용 가능한 여러분만의 포장지를 만들어 보면 어떨까요? 선물을 포장하는 독특한 방법 세 가지를 알아볼까요. 주변 사람들 또한 포장 쓰레기에 대해 생각하게 하는 방법이 될 거예요. 그리고 누가 알겠어요, 그들이 영향을 받게 될지?

710년.
천을 접어 포장하는 방법인 후로시키가 일본에서 개발된 해예요. 왕에게 바칠 조공과 같은 귀중품을 보호하기 위해 사용하기 시작했다고 해요.

셀프 테스트!

프랑스에서 매년 얼마나 많은 선물 포장지가 팔릴까요?

A. 2,000톤
B. 20,000톤
C. 50,000톤

답 B.

직접 해봐요!

다양한 방법으로 선물을 포장해 더 건강한 지구를 만들어요.

5분

후로시키 기법

1 스카프나 커다란 천을 이용해요. 양쪽 끝을 접어요(A와 B).

2 가운데에 선물을 놓고 A와 B를 아래, 위로 포개요.

3 C와 D의 끝을 잡고 상자 방향을 바꾼 뒤 예쁘게 묶어요. 후로시키 포장법은 재사용 가능한 데다 친구에게 포장지까지 선물하는 셈이 되지요. 친구 또한 같은 방법으로 포장할 수 있겠죠.

천 재활용 기법

예를 들어 아름다운 여행지 사진이 찍힌 예쁜 잡지를 찾아요. 이런 종이는 선물 포장으로 쓰기에 딱이에요. 엄청 눈에 띌 거예요! 신문지나 직접 그린 그림을 이용할 수도 있고요.

장식 기법

크래프트 종이를 이용해요. 조금 더 재미있게 꾸미려면 색색의 색종이를 별, 하트, 날개 모양으로 잘라요. 그런 다음 포장지 위에 붙여요.

Tip!

선물에 나무 집게로 선물 주인의 사진을 꽂아봐요.

Mission nº 45

물질적 선물 대신 체험 선물하기

특별한 날, 부모님, 형제, 자매에게 무슨 선물을 할지 아이디어가 떠오르지 않을 수도 있어요. 그래요, 웬만한 건 이미 다 갖고 있으니까요! 때로는 억지로 선물을 골라야 하는 일이 발생하는데, 그렇게 선택한 물건은 항상 유용한 것도 아니고 곧장 후회하게 되죠. 여러분의 지갑과 지구는 이 일을 기억할 거예요! 프랑스에서 한 가정당 크리스마스 선물을 사는 데 지출하는 비용은 평균 550유로래요. 어마어마한 금액이죠! 하지만 주변 사람들에게 여러분의 마음을 전할 또 다른 방법이 있어요. 바로 즐거운 시간을 함께 보내거나 함께 꿈꾸던 멋진 추억을 만드는 거예요. 최근 이런 경향이 점점 늘어나고 있어요. 우리도 한번 해볼까요?

2만 9,000개.
1992년 태풍 이후 바다에 버려진 플라스틱 오리 개수예요. 일부는 난파 사고 지점에서 수천 킬로미터 떨어진 곳에서 발견됐어요.

셀프 테스트!

일본인들은 미니멀리즘의 왕이에요. 그들은 물건을 거의 쌓아놓고 살지 않아요. 왜일까요?

A. 일본은 집이 작아요.
B. 일본 정부가 방마다 열 개 이상의 물건 놓는 것을 금지해요.
C. 물가가 매우 비싸요.

답 **A.** 대부분의 일본인은 나라의 동쪽과 남쪽 평야 및 연안지대의 작은 집에서 살아요. 그러니 미니멀리즘과 정리의 왕이 될 수밖에요.

직접 해봐요!

'체험'을 선물하려는 친구에 대해
스스로 몇 가지 질문을 해봐요.

그 친구는 무엇을 좋아할까?

- 요리하는 걸 좋아한다 → 함께 요리 수업을 들어요(아니면 요리 수업을 계획해요).
- 공연을 좋아한다 → 영화관이나 극장에 가요.
- 물건 수리하기나 예술을 좋아한다 → 그림, 도자기, 뜨개질, 재봉을 주제로 한 워크숍에 참여해요.
- 장난감을 좋아한다 → 함께 탈출 게임을 하거나, 하루 날 잡아 함께 게임을 하거나, 고카트를 타거나, 레이저 게임을 제안해요.
- 역사와 문화를 좋아한다 → 박물관, 성에 함께 가거나 박람회를 보러 가요.

어른을 위한 선물

- 비디오 게임, IT, 아니면 수업에서 배운 최신 안무 등 알고 있는 지식을 공유해요.
- 예를 들어 '맛있는 식사 만들기', '베이비시터로 일하기', '빨래 개고 정리하기' 등 쿠폰 형식으로 만들어 심부름을 해요.

선물을 어떻게 주면 좋을까?

- 가장 예쁜 펜으로 예쁜 카드를 꾸며봐요. 퍼즐이나 그림 수수께끼, 보물찾기 등으로 약간의 미스터리한 분위기를 만들 수도 있고요.

Mission nº 46

다른 방식으로 집 꾸미기

크리스마스, 생일, 가족 모임이나 동네 모임, 모여서 어울릴 만한 기회는 무궁무진해요. 그리고 행사의 꽃은 뭐니 뭐니 해도 장식이죠! 그런데 장식품을 몇 년 보관할 수도 있지만 대부분 한 번 사용하고 버려요. 고무풍선, 반짝거리는 종이로 된 식탁보, '생일 축하해'라고 쓴 장식품 또는 일회용 접시 등은 쓰레기통에 버려져 소각되거나 쓰레기 매립장에 묻혀요. 플라스틱 없이 친환경적이고 쉽게 다시 사용할 수 있는 방법을 배워 봐요!

600만 개.
매년 프랑스에서 팔리-
크리스마스트리 개수여
그중 100만 개가
플라스틱 트리예요.

셀프 테스트!

프랑스 알자스 지방에서는 전통적으로 크리스마스트리 장식에 무엇을 사용할까요?

A. 생강빵 쿠키
B. 실뭉치
C. 장식을 하지 않음

답 **A.** 1950년대 크리스마스트리를 장식했던 생강빵 쿠키는 사실 아이들을 위한 선물이었어요. 당시에는 쿠키를 만드는 재료가 귀하고 비싸, 쿠키 그 자체가 보물처럼 여겨졌죠. 이 전통이 아직도 이어져 내려오고 있어요.

직접 해봐요!

책임감 있고 낭비 없는 모임을 위해
이곳저곳에서 아이디어를 찾아봐요!

오래 쓸 수 있는 제품

장식품과 식기는 그다음 해에도 재사용할 수 있어요. 천으로 된 예쁜 식탁보와 냅킨, 도자기 식기를 사용해봐요. 또한 주변 사람들에게 빌리거나 중고 제품을 이용해요.

홈메이드

커다란 색종이로 벽을 예쁘게 장식해봐요. 종이를 반으로 접어 일정한 모양으로 자른 뒤 다시 펴면 좌우 대칭이 될 거예요. 아주 예쁘겠죠? 산책하다 숲에서 전나무 가지, 솔방울, 담쟁이 잎사귀를 주워 탁자를 장식해봐요!

먹을 수 있는 장식품

쿠키 틀로 찍어낸 예쁜 사블레 과자로 탁자나 크리스마스트리를 장식해보는 건 어떨까요?

먹는 걸 좋아하는 집에서는 장식품이 오래 남아 있지 않을 거예요. 하지만 기분은 엄청 좋을걸요! 열 개 정도 만들려면 밀가루 230g, 설탕 120g, 버터 120g, 달걀 1개, 소금 한 꼬집이 필요해요.

- 오븐을 180도로 예열해요. 달걀에 설탕과 소금 한 꼬집을 넣고 잘 섞어요. 밀가루를 넣고 손으로 반죽해요. 그런 다음 버터를 작은 조각으로 잘라 넣어요. 접시에 놓고 서늘한 곳에서 한 시간 동안 숙성시켜요.
- 밀대로 반죽을 얇게 편 다음 여러 가지 모양으로 잘라요. 칼로 작은 구멍을 내어 크리스마스트리에 매달아도 좋아요!
- 오븐에 넣고 10분 동안 구워요.

Mission nº 47

'월드 클린업 데이'에 참여하기

2008년 창립된 에스토니아의 협회 레츠두잇(Let's Do It)에서는 1년에 한 번 '월드 클린업 데이(World CleanUp Day)'를 개최해요. 사람들이 참여해 쓰레기를 줍는 가장 큰 행사랍니다. 보통 9월 셋째 주 주말에 열려요. 2019년에는 180여 개국, 2,000만 명 이상이 이 행사에 참여했어요. 매년 전 세계에서 수천 톤의 쓰레기가 수거돼요. 협회, 스포츠 클럽, 기업, 학교, 가족, 친구들……. 수많은 사람이 이 운동에 동참했어요. 각자 봉투와 장갑을 갖추고 열심히 쓰레기를 주워요. 레츠두잇은 인터넷 사이트를 운영해 각 지역에서 일어나는 모든 행사 정보를 공유하고 있어요.

트래시아웃(TrashOut). 집에서 가까운 야외 쓰레기장을 알려주는 애플리케이션 이름이에요.

셀프 테스트!

2018년, '월드 클린업 데이'에 참여한 최고령자의 나이는 몇 살이었을까요?

- A. 78세
- B. 90세
- C. 102세

답 B. 최고령자의 나이는 90세였어요!

직접 해봐요!

'월드 클린업 데이'에는 성인만 신청할 수 있어요. 하지만 이 행사에 참여할 수 있는 두 가지 방법이 있어요.

- 주변의 어른(선생님, 부모님)에게 동참하자고 여쭤보세요. 쓰레기 주울 지역을 협회 사이트에 등록하기만 하면 돼요. 그런 다음 여러분이 반 친구들, 가족, 친구들에게 말하고 우리의 아름다운 지구의 운명에 대해 자각시켜주세요. 함께라면 더 멀리 갈 수 있어요! 시민으로서 사회 참여적인 공동 프로젝트를 위해 하루를 공유할 기회가 될 거예요. 또한 여러분의 행사에 참여하고 싶어 하는 사람들과 만날 수도 있어요. 새로운 친구를 사귀기에 좋은 기회죠!

- 또한 집 근처에서 시행하는 쓰레기 수거 계획에 동참해도 돼요. 협회 사이트에 들어가서 가장 적합한 장소와 시간을 고르고 어른을 동반해서 쓰레기 수거에 참여하세요.

Mission n° 48

'노 플라스틱 챌린지'에 도전하기

플라스틱 생산량은 매년 4%씩 증가하고 있어요. 경각심을 가져야 하는 상황이니만큼 환경단체 '플라스틱 없는 우리 바다(No Plastic in My Sea)'와 함께 6월 5일 세계환경의 날에 '노 플라스틱 챌린지'에 참여하는 건 어떨까요? 챌린지의 목표는 친환경적인 실천을 통해 10일 동안 플라스틱 없는 생활을 하는 거예요. 2019년에는 기업 100곳, 학교 80곳을 비롯해 20만 명이 참여했어요. 이 챌린지는 참여자들에게 소비 습관을 반성하고 일상에서 플라스틱이 차지하는 비중이 얼마나 큰지 깨닫게 해줘요.

115개.
인도네시아 해변에 떠내려온 향유고래의 배 속에 들어 있던 플라스틱 컵 숫자예요. 향유고래의 소화기관에는 슬리퍼 두 짝, 비닐봉지와 페트병 25개도 들어 있었답니다.

셀프 테스트!

플라스틱 생산이 매년 늘어나고 있어요. 이런 속도라면 앞으로 30년 후에는 몇 배가 될까요?

A. 2배
B. 3배
C. 4배

답 B. 세계경제포럼(World Economic Forum)은 지금과 같은 속도라면 30년 후에는 플라스틱 생산량이 3배 증가할 거라고 예측하고 있어요.

직접 해봐요!

'노 플라스틱 챌린지'를 시작해보세요. 새로운 도전이지만 그리 어렵지 않아요. 친구들과 함께하면 더욱 좋아요. 사람이 많을수록 훨씬 재미있을 테니까요!

1단계

'플라스틱 없는 우리 바다' 사이트에 접속해 여기서 제안하는 15가지 친환경 실천 목록을 다운로드해요. 며칠 동안 꾸준히 몇 가지를 시도해봐요. 전부 해봐도 좋고요.

- 텀블러 사용하기
- 고체 비누 쓰기
- 시장바구니 사용하기
- 청소용품이나 화장품 직접 만들기
- 개별 포장 또는 1회용 포장 사용하지 않기

2단계

발표를 통해 반 친구들을 설득하거나 가족들을 끌어들여 주변 사람들과 함께 챌린지에 도전해봐요. '플라스틱 없는 우리 바다' 사이트에서 나이대별로 적합한 내용을 찾아 소개해주세요.

Mission n° 49

'플라스틱 어택'으로 과대포장 항의하기

50%. 부엌에서 사용되는 일회용 포장지 비율이에요.

한 영국인이 슈퍼마켓의 포장에 대해 항의하기 위해 아이디어를 냈어요. 대부분의 채소, 쿠키 또는 면까지 모두 플라스틱 포장이 된 채 제공되고 있었어요. 이러한 상황에서 자연보호론자이자 평화주의자인 토니 미첼(Tony Mitchell)은 친구 스누 명과 함께 슈퍼마켓에 가서 장을 봤죠. 그런 다음 계산대를 지나 포장지와 플라스틱 필름을 벗겨내 세 대의 카트를 가득 채웠어요. 2018년 봄에 처음 시작된 이 행동은 유럽 곳곳에 퍼졌어요. 그리고 '플라스틱 어택(Plastic Attack)'이라는 이름이 붙었죠. 며칠 뒤, 벨기에 슈퍼마켓인 델하이즈(Delhaize)도 이 '공격'을 받았어요. 네덜란드, 노르웨이, 이탈리아, 포르투갈에서도 이 운동이 이어졌죠.

셀프 테스트!

평균적으로 비닐봉지를 얼마 동안 사용할까요?

A. 20분
B. 2시간
C. 5시간

답 A. 비닐봉지를 만드는 데 걸리는 시간은 1초예요. 보통 계산대에서부터 집에 도착할 때까지 20분 동안 사용되는데, 자연적으로 분해되는 데는 400년이 걸려요.

직접 해봐요!

여러분에게 100% 플라스틱 제로를 위한 영웅의 영혼이 있다면, '플라스틱 어택' 미션은 여러분을 위한 거예요!

레벨 1

가능하면 플라스틱 처리된 포장지를 피해요. 차라리 천(주머니), 금속, 유리(용기)로 된 포장을 선택하면 쉽게 재활용할 수 있어요.

레벨 2

포장 없이 벌크 단위로 장을 봐요.

레벨 3

일부 슈퍼마켓은 포장재를 수거하기 위해 커다란 용기를 내놓아요. 대량으로 포장재를 수거하는 만큼 더욱 잘 재활용될 수 있어요.

레벨 4

친구들과 함께 '플라스틱 어택'을 계획해봐요. 소비자의 마음을 움직여 상인과 제조업체들이 움직이도록 하는 게 중요해요. 플라스틱 어택은 평화주의적인 행동이에요. 예를 들어 소셜 미디어에서 릴레이로 번진다면 의미 있을 거예요. 함께 시간과 장소를 정해 장을 본 뒤 카트에 포장재를 쌓아놓으면 많은 사람이 플라스틱의 비중에 대해 인식하게 될 거예요.

플라스틱 제로 성취도 **Mission ___ /52** 완료! ○

Mission nº 50

쓰레기 제로 단체가 진행하는 프로젝트 참여하기

제로웨이스트협회(유럽과는 다른 지사예요)는 1997년에 만들어졌어요. 이름이 의미하듯, 협회는 쓰레기가 생산되는 걸 저지하는 임무를 맡고 있어요. 협회는 대중에게 경각심을 일깨워 쓰레기가 늘어나는 걸 막고, 제조업체가 더욱 환경을 존중하는 방식으로 생산하도록 하며, 정치인들이 환경에 영향을 미치는 정책을 펼치지 않도록 경고해요.

제로웨이스트협회는 유리병 보증금 반환제도 (분리수거, 세척, 재사용)를 되살려 플라스틱 오염에 맞서기 위해 노력하고 있어요.

셀프 테스트!

공유경제는 추출하다, 제조하다, 소비하다, 버리다로 정의돼요.

진실 일까요? 거짓 일까요?

답 **거짓.** 공유경제는 추출하고, 제조하고, 소비하고, 재활용해 다시 제조하는 거예요. 환경에 이로운 이 콘셉트에 단계마다 친환경적인 요구사항을 더해요.

직접 해봐요!

우선 집 근처에 제로웨이스트 지사가 있는지 알아봐요. 협회의 미션을 찾을 수 있을 거예요. 만약 원한다면 협회에 적극적으로 나서 쓰레기 제로를 위한 활동이나 행사에 참여할 수도 있어요.

협회에서 제안한 계획에 관심 갖기

- '새 물건 제로' 챌린지. 협회에서는 참여자들에게 가능한 한 새로운 물건을 적게 구매하려 애쓰면서 지구의 자원을 아끼자고 독려해요. 새 물건을 대체할 방법이 무궁무진하기 때문에 성공적으로 챌린지를 완수할 수 있을 거예요. 예를 들어 중고 제품 가게나 헌 옷 가게에서 구매하기, 기부나 물물교환 장려하기, 빌리기 등 다양한 방법이 있어요.
- '쓰레기 제로' 챌린지. 점점 더 많은 국가에서 쓰레기를 줄이기 위해 자국민의 참여를 독려하고 있어요. 모임, 실용적인 워크숍(청소용품 만들기, 쓰레기 분리수거하기) 등을 준비해 시민들에게 소비하는 방법을 알려줘요.
- 주제별 문서가 사이트에 무료로 게재되어 있어요(www.zerowastefrance.org). 쓰레기 제로에 대한 교육 자료도 찾을 수 있고요(온라인 강의).
- 쓰레기 제로 페스티벌에는 쓰레기를 줄이기 위해 고군분투하는 많은 정치 및 경제 주체, 과학자, 협회, 시민이 모여요.

Mission n° 51

유럽 연합과 함께 한 주 동안 쓰레기 줄여보기

지구를 위해 뭘 해야 할지, 어떻게 행동해야 할지 모두가 알고 있는 건 아니에요. 여러분은 혼자라고 느낄 수도 있고 관련 지식이나 노하우가 부족할 수도 있어요. 집에서 가까운 기관의 도움을 받아 앞으로 나아가고 싶나요? 시청, 동네 협회, 학교 등에서 제공하는 정보를 알아보면 이런저런 해답을 찾을 수 있을 거예요. 이 기관들은 여러분(가족들과 함께!)이 더욱 적극적으로 참여할 계기를 마련해줄 거예요. 어쨌든 함께 나누는 시간과 고민을 통해 더욱 성장할 수 있을 거예요. 6월과 11월, 유럽 연합은 두 주를 지정해 지속적인 발전과 쓰레기 감소에 대해 이야기해요. 미션 51을 실행하는 동안 이 집중적인 시간을 경험해봐요.

7,084회. 2019년 유럽 연합 쓰레기 감소 주간에 프랑스에서 열린 행사 개수예요.

셀프 테스트!

유럽에서 쓰레기 감소 주간이 시작된 것은 언제일까요?

A. 1985년
B. 2006년
C. 2018년

답 B. 퇴비 만들기, 유해 폐기물, 쓰레기 제로, 음식 낭비 등 매년 구체적인 주제가 제시되었습니다.

직접 해봐요!

유럽 연합은 매년 2주 동안 정치, 경제, 협회 인사들과 시민들을 동원해 지구를 돌보도록 해요. 여러분도 주변 어른과 함께 참여할 수 있어요. 방법을 알려줄게요.

지속 가능한 개발 주간(SEDD)

언제? 매년 6월 첫째 주.

무엇을? UN은 지구온난화를 막고 여러분과 미래 자손들이 계속 이 땅에서 제대로 된 삶을 영위할 수 있도록 다양한 목표를 세웠어요. 예를 들어 물, 책임감 있는 소비, 청정에너지 문제 등이 관련 있어요. 지속 가능한 개발 주간 동안 수많은 지속 가능한 계획을 배우고, 지구를 어떻게 지킬지 공부하며, 살고 있는 도시에서 실행하고 있는 프로젝트에 참여하면 돼요.

어떻게? 여러분 국가의 지속 가능한 주간 사이트에 가서 프로그램을 알아보세요.

쓰레기 감소 주간(SERD)

언제? 매년 11월 마지막 주.

무엇을? 쓰레기 감소를 위한 워크숍과 행사가 열려요. 행사에서는 플라스틱 문제도 당연히 다루죠. 대부분 아이들을 위한 행사예요. 2019년 프랑스에서만 7,000개 이상의 행사가 열렸어요.

어떻게? 쓰레기 감소 주간 사이트에서 지역별, 날짜별, 주제별로 많은 행사를 찾아볼 수 있어요.

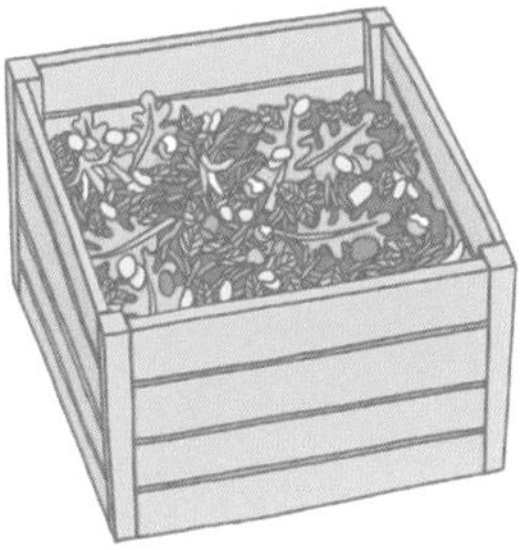

Mission nº 52

더 나은 미래를 만드는 환경 캠페인에 동참하기

세계에는 플라스틱에서 비롯된 오염을 막기 위한 흥미로운 계획이 많아요. 고무적인 건 사람들이 플라스틱의 부정적인 영향에 대해 인지하기 시작했다는 거예요. 점점 더 많은 기업, NGO, 정치인, 시민이 해결책을 찾기 위해 주제에 관심을 기울이고 있어요. 예를 들어 대기업들은 2025년까지 완전히 재활용이 가능한 물병을 판매해 이 움직임에 동참할 거예요. 영국의 찰스 왕세자는 2017년 5월 이 주제에 대해 시민의 경각심을 불러일으키려고 연설을 하기도 했어요. 세상이 움직이고 있어요!

400만 개
샌프란시스코 공항에서 플라스틱 물병 판매를 금지한 이후 '줄어든' 플라스틱 병의 개수예요.

셀프 테스트!

태평양을 떠다니는 플라스틱 쓰레기 덩어리, 일곱 번째 대륙이 발견된 건 언제일까요?

A. 1997년
B. 2007년
C. 2017년

답 A. 하와이 먼바다를 지키던 미국 해군 찰스 J. 무어는 떠다니는 거대한 플라스틱 덩어리를 눈앞에서 맞닥뜨렸어요. 면적이 너무 넓어 건너는 데 일주일이나 걸렸죠! 그 후 그는 이 재앙에 맞서 해결책을 찾기 위해 재단을 세웠어요.

직접 해봐요!

세계 곳곳에서 시행되고 있는 멋진 계획들을 찾아보는 건 어떨까요? 영감을 주는 계획이 있으면 여러분이 할 수 있는 범위 내에서 여러분의 속도에 맞춰 해봐요.

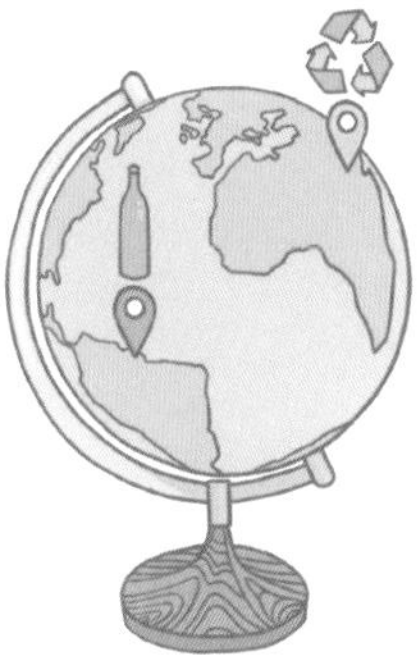

오션 클린업

바다에 잠수했을 때, 당시 열여섯 살이던 네덜란드 청년 보얀 슬랫은 생활쓰레기, 그중에서도 플라스틱으로 인해 바닷속이 얼마나 오염됐는지 확인했어요. 그는 어렸지만 전문가들을 모아 연구를 시작했고, 2013년에 오션 클린업(Ocean Cleanup)이라는 쓰레기를 거르는 거대한 그물을 개발하는 회사를 차렸어요. 이 그물로 바다에서 쓰레기를 수거해 재활용하는 거예요. 그는 2050년까지 모든 플라스틱 오염을 제거할 수 있을 거라고 보고 있어요. 멋진 프로젝트죠! 인터넷에서 그의 활약과 연구 성과에 대해 찾아볼 수 있어요.

국가들도 참여하고 있어요!

점점 더 많은 국가가 일회용 그릇, 빨대, 일회용 티백을 사용하지 못하게 하고 있어요. 칠레, 인도, 프랑스, 케냐의 경우가 그래요. 콩고에서는 시장에서 플라스틱 봉투 대신 카사바잎을 사용해요. 뭔가가 바뀌고 있어요! 터키 이스탄불에서는 시민들이 빈 플라스틱 병을 가져오면 교통 티켓으로 바꿔준답니다. 병은 재활용되고 사용자들은 병을 가져올 때마다 교통 카드에 포인트를 적립받아요. 동기 부여가 되지 않나요?

플로깅

뛰는 걸 좋아하고 지구를 보호하고 싶은가요? 그럼 플로깅이 딱이에요! 플로깅의 콘셉트는 조깅을 하며 쓰레기를 줍는 거예요. '플로거'들은 매주 전 세계 곳곳에서 약 20톤의 쓰레기를 줍고 있어요.

52주 총결산

'플라스틱 없는 생활' 챌린지를 하며 1년을 보냈어요.
잘했어요, 아주 먼 길을 잘 걸어왔네요. 이제 결산할 시간이에요.

아래 테스트를 통해 일상에서 어떤 습관을 갖는 데 성공했는지 확인해봐요.
또한 12쪽의 테스트를 다시 해서 '나의 플라스틱 점수'를 비교해보세요!

외출 시

- 포장된 간식을 가지고 다닌다 ☐ (0점)
- 벌크 단위로 포장 없이 간식을 산다 ☐ (2점)
- 재사용할 수 있는 용기에 홈메이드 간식을 가져간다 ☐ (2점)

점수 ☐

갈증을 해소하기 위해

- 마켓에서 파는 병에 담긴 물을 마신다 ☐ (0점)
- 플라스틱 텀블러를 이용한다 ☐ (1점)
- 스테인리스 텀블러를 이용한다 ☐ (2점)

점수 ☐

욕실에서

- 플라스틱 튜브 용기에 들어 있는 크림과 샤워 젤을 사용한다 ☐ (0점)
- 포장 없는 제품을 사용하기 위해 작은 병들을 정리한다 ☐ (2점)
- 식물성 오일이나 플로럴 워터와 같은 천연 제품으로 피부를 가꾼다 ☐ (2점)

점수 ☐

부엌에서

- 냉장고에 들어 있는 대부분의 제품이 포장되어 있다
  (햄, 떠먹는 요구르트, 치즈 등) .... ▢ (0점)
- 플라스틱 쓰레기를 줄이기 위해 부모님과 함께 나만의 포장용품으로 장을 본다 .... ▢ (2점)
- 상점 주인과 상점에서 나눠주는 플라스틱 포장재에 대해 이야기를 나눈다 .... ▢ (1점)

점수 .... ▢

일상에서

- 주변에서 지구를 보호하기 위한 새로운 활동을 발견한다 .... ▢ (1점)
- 영감을 주는 활동을 알게 되면 직접 해보고 싶어진다 .... ▢ (1점)
- 지구를 보살피기 위해 협회에 가입한다 .... ▢ (2점)

점수 .... ▢

총점 .... ▢

결과

1~5점

대부분 0점을 받았나요? 그렇다면 아직 발전할 가능성이 어마어마하네요! 걱정 마세요. 평생 동안 성장할 수 있으니까! 중요한 건 자신의 리듬으로 해나가는 거예요.

6~10점

대부분 1점을 받았나요? 잘했어요, 지구를 살리기 위해 작은 행동부터 실천했군요! 아직 더 성장할 가능성이 있어요. 플라스틱 제로와 쓰레기 제로 챌린지에 새롭게 도전해보세요!

11~16점

대부분 2점을 받았나요? 축하해요! 올 한 해 플라스틱 제로의 프로가 됐군요! 여러분의 작은 실천이 가족과 친구들에게 영감을 주었나요?

알아두면 좋은 5R 규칙

챌린지를 하는 1년 동안 플라스틱이 지구에 정말 큰 재앙이라는 걸 알았을 거예요. 어마어마한 양의 플라스틱이 자연에 버려지고 있기 때문에 무엇을 먼저 해야 할지 모를 정도죠. 플라스틱 없이 생활하는 데 성공하는 건 아주 힘든 도전이에요. 자연을 보호하기 위해 시도해볼 해결책이 아직 많아요. 플라스틱 없는 생활은 시작일 뿐이에요. 아직 발견할 게 무궁무진하죠! 어쩌면 새로운 계획이 여러분의 호기심을 벌써 자극했을 수도 있겠네요. 그렇지 않더라도 당황하지 마세요. '5R' 콘셉트를 이미 알고 있으니까요!

'5R' 규칙이란?

프랑스계 미국인인 베아 존슨(Béa Johnson)이 쓰레기 제로라는 콘셉트를 만들었어요. 경험에 따라 그녀는 '5R'이라는 규칙도 만들어냈죠. 영감이 가득한 이 규칙은 이 책의 수많은 아이디어를 요약하고 있어요.

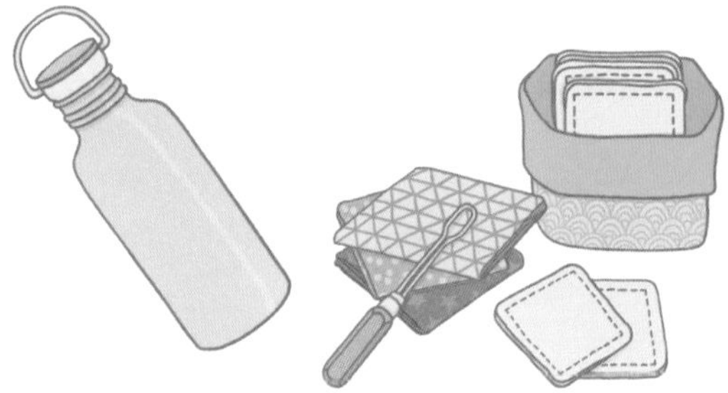

구매하기 전

거절하기(Refuse)

재활용하기 가장 쉬운 쓰레기는 아예 만들어지지 않은 쓰레기죠! 예를 들어 일상에서 플라스틱을 거절하고 지속적으로 사용 가능한 재료를 사용해요. 학교에서, 집에서 그리고 외출했을 때도요. 그리고 '신제품'과 같은 말에 현혹되어 꼭 필요하지 않은 물건을 사지 않도록 해요. 정말로 새 운동화가 필요한가요? 아니면 지금 사용하는 휴대전화가 아직 멀쩡한데 새로 나온 휴대전화가 꼭 필요할까요?

줄이기(Reduce)

일회용품보다는 오래 쓸 수 있는 제품을 선택하면 소비를 줄일 수 있어요. 일상생활에서 일회용품을 몰아내자고요. 예를 들어 비닐봉지보다는 재사용 가능한 천 가방을 이용하고, 플라스틱 병에 든 물을 사서 마시기보다 텀블러를 이용해요. 간단하고 사소한 행동이 더해져 차이를 만들어요!

> 산을 만드는 것은
> 한 줌의 흙이다
> 공자

구매 후

재활용하기(Recycle)

분리수거에 대해 고민하고 있다면, 이미 시작한 것과 다름없어요. 만약 분리수거 그림이 헷갈리면 부모님께 도움을 청하세요. 누가 알겠어요, 여러 번 반복하면 여러분도 아마 분리수거 그림의 척척박사가 될지도 모르죠? 또한 일부 물건의 경우 다시 수거해서 다른 물건을 만들 수도 있어요. 예를 들어 어른의 도움을 받아 옷을 기워 입을 수도 있죠. 그렇게 하면 좋아하는 옷을 버리지 않아도 돼요.

재사용하기(Reuse)

중고 제품을 구입해 지구의 자원 착취를 막아요. 새로운 제품보다는 중고 장난감과 중고 옷을 사봐요.

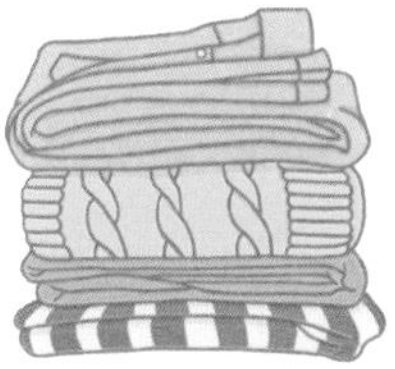

땅에 돌려주기(Rot)

아직 없다면 부모님께 퇴비 통을 하나 사자고 해봐요! 정원이 없어도, 실용적이고 경제적인 실내용 퇴비 통이 있으니까요. 퇴비 통에 과일이나 채소 껍질을 넣으면 분해되어 영양이 풍부한 비료를 얻을 수 있어요. 하지만 퇴비 통에 플라스틱 봉지는 넣지 마세요. 분해 가능하다고 써 있어도요. 여전히 플라스틱 성분이 남아 있을 테니까요! 식물과 섞지 않는 게 제일 좋아요.

마지막 조언

플라스틱 및 쓰레기를 줄이기 위한 긍정적인 경험을 열린 마음으로 받아들이세요. 그게 주변에서 일어나는 일이든 전 세계적인 움직임이든 말이에요. 이런 계획들에 참여하면서 영감을 얻고 직접 행동하게 될 거예요. 자신의 리듬으로 하는 게 좋다는 생각을 잊지 말고 즐겁게 하세요! 그리고 마음에 들면 주변 사람들과 친구 가족에게도 전파해요.

52주 미션 수행 평가

여러분을 기다리고 있는 52개 미션 목록이에요!
각 미션을 시작한 날짜를 적어 성장을 확인할 수 있어요.
미션을 수행하고 나면 체크하세요. 하지만 잊지 마세요,
이건 단거리 경주가 아니라 마라톤이라는 걸요.
중요한 건 자신의 리듬으로 하나하나 해나가는 거예요.

	미션	수행	날짜
1	슬기로운 학용품 선택하기		
2	천으로 교과서 커버 만들기		
3	학용품 재사용하기		
4	반 친구들과 함께하기		
5	플라스틱 없는 케르메스 준비하기		
6	슬기로운 볼펜 고르기		
7	다 함께 쓰레기 줍기		
8	간식 상자 만들기		
9	씨앗 폭탄 만들기		
10	자연과 친해지기		
11	씨앗 엽서 만들기		
12	새 모이통 설치하기		
13	부엌에서 나오는 포장 쓰레기 없애기		
14	플라스틱 병 사용하지 않기		
15	플라스틱 쓰레기가 나오지 않는 간식 만들기		
16	플라스틱 빨대 사용하지 않기		
17	나만의 물티슈 만들기		
18	홈메이드 마요네즈, 케첩 만들기		
19	홈메이드 음료 만들기		
20	천으로 그릇 덮개 만들기		
21	떠먹는 요구르트 만들기		

	미션	수행	날짜
22	안 입는 옷으로 빵 주머니 만들기		
23	홈메이드 그래놀라 만들기		
24	수제 치즈 만들기		
25	플라스틱 조리도구 치우기		
26	천연 제품으로 피부 가꾸기		
27	친환경 칫솔 사용하기		
28	마르세유 비누로 액체비누 만들기		
29	액체 대신 고체 미용용품 사용하기		
30	나만의 립밤 만들기		
31	미용용품 벌크 단위로 사기		
32	자연적인 방법으로 머릿니 없애기		
33	일회용품 사용하지 않기		
34	옷에서 플라스틱 몰아내기		
35	친환경적으로 옷 사기		
36	나만의 세제 만들기		
37	친환경 소풍 계획하기		
38	플라스틱 장난감 사지 않기		
39	장난감을 빌리거나 교환하거나 선물하기		
40	집에 있는 장난감 고치기		
41	천연 물감 사용하기		
42	천으로 핫팩 만들기		
43	쓰레기 제로 스포츠 행사에 참여하기		
44	친환경적으로 포장하기		
45	물질적 선물 대신 체험 선물하기		
46	다른 방식으로 집 꾸미기		
47	'월드 클린업 데이'에 참여하기		
48	'노 플라스틱 챌린지'에 도전하기		
49	'플라스틱 어택'으로 과대포장 항의하기		
50	쓰레기 제로 단체가 진행하는 프로젝트 참여하기		
51	유럽 연합과 함께 한 주 동안 쓰레기 줄여보기		
52	더 나은 미래를 만드는 환경 캠페인에 동참하기		

용어 설명

FSC 인증(국제삼림관리협의회): 제품이 책임감 있고 지속 가능한 방식으로 관리된 숲 또는 산림자원에서 나온 나무로 만들어졌다고 인증해주는 라벨.

공유경제: 지구를 생각하는 재화와 서비스를 일컫는다. 목표는 쓰레기 생산과 원자재, 물, 에너지 등 자원 낭비를 줄이면서 생산하는 것이다.

내분비계교란물질: 인체의 호로몬 분비에 영향을 주어 잠, 성장, 면역력 감소 등 신체의 원활한 활동을 방해하는 물질.

미세분자: 마이크로미터 크기의 입자. 머리카락 하나 굵기가 30μm라면 진드기 한 마리의 두께는 0.3μm다.

병 보증금: 유리병 재사용을 촉진하기 위해 소비자에게 미리 소정의 금액을 지불하도록 하는 제도. 소비자가 가게에 빈 병을 가져가면 보증금을 돌려받는다.

생분해성/생분해 가능한 물질: 박테리아균 등 미생물로 인해 환경에 나쁜 영향 없이 자연적으로 분해되는 물질.

수분: 바람과 벌레들로 인해 식물이 생식하는 자연적인 현상. 벌레들은 꽃의 꿀을 찾아오기 때문에 의도치 않게 자연에 꽃가루를 퍼뜨린다. 수분은 식물 종의 생식에 꼭 필요한 도움을 준다!

알레르겐: 공기 중에 떠다니거나 물체와 접촉할 경우 알레르기를 유발할 수 있는 물질.

에코컵: 재사용 가능한 플라스틱으로 만든 컵.

엘런 맥아더 재단: 2009년 항해사 엘런 맥아더가 세운 영국 친환경 단체. 이 재단은 공유경제를 장려하기 위한 활동을 펼친다.

온실효과: 지구가 태양열을 대기에 묶어두는 자연 현상. 인간의 활동이 온실효과를 강화해 지구 온난화를 야기시켰다.

유럽 친환경 에코라벨, 파란 천사, NF 환경: 제품이 안전하고 친환경적으로 제작되었음을 보증하는 라벨.

재활용품 수거 판매점: 더 이상 사용하지 않는 물건을 수거하고, 수리하고, 되파는 곳. 물건에 두 번째 삶을 주는 좋은 방법이다.

중탕: 직접 가열하지 않고 간접적으로 천천히 데우거나 익히는 방법. 재료를 볼에 담고 그 볼을 뜨거운 물에 담근다.

초미세 입자: 0.000000001m 크기의 극도로 작은 입자. 이 입자는 가루, 젤, 용액 형태로 사용된다. 또한 물체에 특별한 질감을 줄 때 쓰인다.

퇴비로 만들다: 껍질, 낙엽, 잔가지 등 식물성 쓰레기를 부식토로 만드는 작업을 일컫는다. 퇴비 통에 쌓인 식물성 쓰레기는 몇 주 지나면 분해되어 영양소가 풍부한 천연 비료가 된다!

폴리에틸렌: 부드러운 용기 또는 배관을 제작할 때 쓰이는 플라스틱 재료. 전 세계에서 가장 많이 사용되는 플라스틱 중 하나다. 생산 비용이 비싸지 않지만 생분해되지 않는다.

폴리프로필렌: 포장재, 자동차 산업, 가전제품에 많이 쓰이는 플라스틱 재료. 내구성이 좋고 만들기 쉬운 데다 다른 첨가물을 더하지 않으면 독성도 띠지 않는다.

프탈레이트: 플라스틱에 유연성과 탄성을 더해주기 위해 주로 사용되는 물질. 일부 프탈레이트는 독성이다.

피에르 라비(환경보호단체 '콜리브리' 창시자): 철학자이자 작가이며 친환경 농업의 선구자. 책과 강연, 협회를 통해 환경을 더욱 존중하는 사회를 전파한다.

환경/건강 네트워크: 건강한 환경을 장려하기 위해 행동하는 프랑스의 협회.

휘발성 유기화합물: 너무 작아서 대기 중에 남아 있는 오염물질. 가구, 장식품, 그림, 청소용품에서 주로 나온다.

감사의 말

나의 아이디어 뱅크이자 일상 속 영감의 원천인 가족에게 고마움을 전한다.

이 책은 많은 사람의 도움을 받았다. 현명한 아이디어를 제공해준 생트테레즈 학교 4학년과 5학년 학생들에게 고맙다고 말하고 싶다. 또한 두에에 위치한 심바드(분리수거 및 가정 쓰레기 제거 센터)의 W. 바버라에게 감사드린다. 책을 꼼꼼히 검토해준 D. 크리스텔과 F. 클로틸드 그리고 나의 글쓰기 여정을 함께한 편집자 오드리에게 고맙다고 전하고 싶다.